偉大な定理に迫る！ 理系脳を鍛える数学クイズ

廣津 孝 ［著］

SE
SHOEISHA

本書内容に関するお問い合わせについて

このたびは翔泳社の書籍をお買い上げいただき，誠にありがとうございます。

弊社では，読者の皆さまからのお問い合わせに適切に対応させていただくため，以下のガイドラインへのご協力をお願いいたしております。

下記項目をお読みいただき，手順に従ってお問い合わせください。

ご質問される前に

弊社 Web サイトの「正誤表」をご参照ください。これまでに判明した正誤や追加情報を掲載しています。

正誤表　https://www.shoeisha.co.jp/book/errata/

ご質問方法

弊社 Web サイトの「刊行物 Q&A」をご利用ください。

刊行物 Q&A　https://www.shoeisha.co.jp/book/qa/

インターネットをご利用でない場合は，FAX または郵便にて，下記翔泳社愛読者サービスセンターまでお問い合わせください。電話でのご質問は，お受けしておりません。

回答について

回答は，ご質問いただいた手段によってご返事申し上げます。ご質問の内容によっては，回答に数日ないしはそれ以上の期間を要する場合があります。

ご質問に際してのご注意

本書の対象を越えるもの，記述個所を特定されないもの，また読者固有の環境に起因するご質問等にはお答えできませんので，予めご了承ください。

郵便物送付先および FAX 番号

送付先住所　〒160-0006　東京都新宿区舟町 5
FAX 番号　　03-5362-3818
宛先　　　　㈱翔泳社 愛読者サービスセンター

※本書に記載された URL 等は予告なく変更される場合があります。
※本書の対象に関する詳細は 009 ページをご参照ください。
※本書の出版にあたっては正確な記述につとめましたが，著者や出版社などのいずれも，本書の内容に対してなんらかの保証をするものではなく，内容に基づくいかなる運用結果に関してもいっさいの責任を負いません。
※本書に記載されている会社名，製品名はそれぞれ各社の商標および登録商標です。
※本書の内容は，2020 年 9 月執筆時点のものです。

はじめに

　近世以降の数学の発展は目覚ましく，各分野で多くの定理が証明され，さまざまな理論が発見されてきた。

「数学にはどのような理論があるのか」

「各理論にはどのような応用があるのか」

を独学で調べるのは困難なほどである。本書は，高校数学で触れられる範囲で，

数学の各分野の代表的な理論やその応用をコンパクトに紹介する

という目的で書かれた。「席替えで全員の席が入れ替わる確率」や「美術館に配備すべき警備員の人数」など，素朴な話題を中心に，4択クイズを通して各理論の有名な定理を学べるように工夫がなされている。これは高度な内容を含む数学の書籍としては少々異例の試みかもしれないが，クイズから手短に多くの重要な理論の端緒を知ることができる。

　筆者が数学を志したのは，高校に入学してからしばらく経ってのことである。中学までの数学では，何の変哲もない計算問題や動機が不明確な証明問題を解くことが多かったため，十分に学ぶ意義を見出せなかった。しかし，高校，大学，大学院で，数学のさまざまな美しい定理，理論と出会い，その幅広い応用を知るにつれ，数学を深く学びたいという気持ちが次第に強くなっていった。数学は過去，現在，未来にわたって不変の真理を追究する学問であり，だからこそ豊富な応用があって，大いに学ぶ価値があることがわかったからである。今では，このような魅力的な数学の世界をもっと早く知りたかったと思う。本書は，高校と一般の数学の自然な橋渡しを目指す筆者のホームページ「有名問題・定理から学ぶ数学」(https://www.wkmath.org) の問題をもとに，大学から本格的に学び始める分野のクイズを加えて，もっと多くの皆さんに数学の幅広さと奥深さ，美しさとおもしろさを知ってもらいたいという思いで書かれた。

　クイズの題材としては，可能な限り定理そのものや素朴な問題を選んだが，例示が効果的だと思われる場合にはあえて具体例に焦点を当てたものもある。クイズの難易度には幅があるが，証明込みで厳密に答えを出せなくても，勘で回答，答え合わせをするだけでも，多分野にわたって数学的センスを磨くことができる構成となっている。地道な計算や深い洞察によって正解を導けるクイズもあるので，数学の力をつけたい方はじっくりと解いて注意深く解説を読んでいただければと思う。

　なお，文系の読者向けに，高校の数学 III で学ぶ微分積分法の主要な公式を一通り

学べるように，クイズが用意されている。最近では，文系・理系を問わず，仕事や趣味のために数学を学び直したい方が増えているそうだが，そのような方は「自分は数学の何を勉強すればよいのか」を知る手がかりが得られるかもしれない。

　また，高校生と大学受験生の読者向けに，大学入試の題材によく選ばれる問題も，「大学入試対策」という名目で4分の1程度収録した。学習指導要領は時代とともに変化しているが，数学は開かれた自由な学問であるから，本来「この内容はこの学年で学ぶ」という境界はない。学年の枠にとらわれず，興味があって理解できる部分から，ぜひ読んでいただければと思う。

　繰り返しになるが，本書の目的は数学の理論や応用の紹介であることに注意していただきたい。本書で取り上げる理論は幅広く，この1冊で細部まで述べ尽くすことは到底できない。紙面の都合上，教科書，参考書，専門書で数ページかけて紹介するところを数行で紹介した部分もある。すべてを解説すると数十冊分の紙面が必要になり，それらを理解するには数年はかかるであろう。各分野の「おいしいところ」をかいつまんで紹介してあるので，興味のある部分やわからない部分を調べてみるようにおすすめしたい（いくつかのテーマについては，筆者のホームページも多少参考になるかもしれない）。本当の「おいしさ」は，定理の証明を完全に理解できたときや，自らの手で定理を応用できるようになったときに味わえるであろう。

　また，本書で紹介した数学の理論は氷山の一角であり，その周辺には広大で深遠な世界が横たわっている。それを知りたくなったら，ぜひ専門書を手に取っていただきたい。高校数学で触れられる範囲のものしか，また筆者が知っている範囲のものしか紹介できなかったのは残念であるが，各分野で代表的な理論が1冊でコンパクトに紹介されているので，大学の理系の学部，特に数学科の学生には研究分野を決める際にもいくらか参考になるであろう。

　本書を注意深く読んで，さまざまな誤りを正し，多くの有益なご助言をいただいた石井将大氏，佐藤弘文氏，株式会社翔泳社の皆さまに深く感謝を申し上げたい。

　本書は，一部の例外を除いて，筆者がLaTeXで作成した数式と図の画像をもとにAdobe InDesignで作成された。美しいデザインを手掛けていただいた大下賢一郎氏，ならびに根気強く細かい組版と校正を行っていただいた株式会社群企画の皆さまに深く御礼を申し上げたい。

　最後に，数ある書籍の中から本書を手に取っていただいた読者の皆さまに心から感謝を申し上げたい。本書を通して，数学にさらなる興味をもっていただけるようになれば幸いである。

2021年1月吉日

廣津 孝

目次

Chapter 3 解析学編 061

Chapter 4 確率論編 095

目次

目次

凡例

| Question | 4択の数学クイズ (選択肢は **A〜D**) |

理論 クイズの背景にある理論

テーマ クイズの背景にある数学の概念や定理

理論の難しさ クイズの背景にある理論の難しさ (あくまでもの目安)
※解析学については,
🎓 は入門的に学ぶときのレベル,
🎓 は厳密さを考慮して学ぶときのレベル

クイズの対象 クイズの難しさ (あくまでもの目安)
※難問については,
🎓 は勘で答えるときのレベル,
🎓 は証明込みで厳密に答えるときのレベル

大学入試対策 大学入試問題によく選ばれる題材

復習 高校で学ぶ数学の概念や定理

答え クイズの答え

解説 クイズの解説
(高校数学, 前頁までの知識で述べられる範囲)

理論紹介 クイズの背景にある理論の紹介
(高校数学, 前頁までの知識で述べられる代表的な結果)
※未解決問題は, 2020年9月現在, 著者が確認できた範囲のもの

➡ 参照先のページ, 図表
※「後述」はページ内を参照

ギリシャ文字

大	小	読み方	大	小	読み方	大	小	読み方
A	α	アルファ	I	ι	イオタ	P	ρ	ロー
B	β	ベータ	K	κ	カッパ	Σ	σ	シグマ
Γ	γ	ガンマ	Λ	λ	ラムダ	T	τ	タウ
Δ	δ	デルタ	M	μ	ミュー	Υ	υ	ユプシロン
E	ε	エプシロン	N	ν	ニュー	Φ	φ	ファイ
Z	ζ	ゼータ	Ξ	ξ	クシー	X	χ	カイ
H	η	エータ	O	o	オミクロン	Ψ	ψ	プサイ
Θ	θ	シータ	Π	π	パイ	Ω	ω	オメガ

記号一覧

π	円周率
e	ネイピア数 (自然対数の底)
$\sqrt{-1}$	虚数単位
∞	無限大, 無限遠点
$\mathbb{N}$	0 以上の整数全体の集合
$\mathbb{Z}_+$	正の整数全体の集合
$\mathbb{Z}$	整数全体の集合
$\mathbb{Q}$	有理数全体の集合
$\mathbb{R}$	実数全体の集合
$\mathbb{C}$	複素数全体の集合
$\mathbb{F}_q$	q 個の要素からなる体
$P \Longrightarrow Q$	P ならば Q
$P \Longleftrightarrow Q$	P, Q は同値
$\emptyset$	空集合
$a \in X$	a は X に属する
$a \notin X$	a は X に属さない
$X \subset Y$	X は Y に含まれる
$X \cup Y$	X, Y の和集合
$\bigcup_{i \in I} X_i$	$(X_i)_{i \in I}$ の和集合
$X \cap Y$	X, Y の共通部分
$\bigcap_{i \in I} X_i$	$(X_i)_{i \in I}$ の共通部分
$X \times Y$	X, Y の直積 (要素の組全体)
$\prod_{i \in I} X_i$	$(X_i)_{i \in I}$ の直積
X^n	n 個の X の直積
$(a_1, \cdots, a_n)$	$a_1, \cdots, a_n$ の組
(a_n)	a_n を一般項とする数列
2^X	X のべき集合
$\{a_1, \cdots, a_n\}$	$a_1, \cdots, a_n$ からなる集合
$\{a \mid \varphi(a)\}$	$\varphi(a)$ を満たす a 全体の集合
(a, b)	開区間
$[a, b]$	閉区間
$(a, b], [a, b)$	半開区間
$\#X$	有限集合 X の要素の個数
$f : X \to Y$	X から Y への写像 (関数)
$f(a)$	f の a における値
$g \circ f$	f, g の合成 (写像)
id_X	X の恒等置換 (恒等変換)
f^{-1}	全単射 f の逆写像
$\lfloor a \rfloor$	a 以下の最大の整数
$\lceil a \rceil$	a 以上の最小の整数

$\|a\|$	a の絶対値
$\sum_{i=1}^{n} a_i$	$a_1 + \cdots + a_n$
$a \cdot b$	$a \times b$
$\prod_{i=1}^{n} a_i$	$a_1 \times \cdots \times a_n$
a^n	n 個の a の積
a/b	$a \div b$
a^{-1}	$1/a$
$\sqrt{a}$	a の平方根の 1 つ
$\sqrt[n]{a}$	a の n 乗根の 1 つ
a^x	a の x 乗
$\bar{a}$	a の余り, a の共役複素数
$a \equiv a' \pmod{n}$	a, a' は n を法として合同
S_n	n 次対称群
A_n	n 次交代群
$G \cong H$	群 G, H は同型
$\lim_{n \to \infty} a_n$	(a_n) の極限
$\sum_{n=1}^{\infty} a_n$	$a_1 + \cdots + a_n + \cdots$
$\prod_{n=1}^{\infty} a_n$	$a_1 \times \cdots \times a_n \times \cdots$
$\lim_{x \to a} f(x)$	$x \to a$ のときの $f(x)$ の極限
$\lim_{x \to a+0} f(x)$	$x \to a$ のときの $f(x)$ の右側極限
$\lim_{x \to a-0} f(x)$	$x \to a$ のときの $f(x)$ の左側極限
$y', f'(x), dy/dx$	$y = f(x)$ の導関数
$y'', f''(x)$	$y = f(x)$ の 2 階導関数
$\int f(x)dx$	$f(x)$ の不定積分
$\int_a^b f(x)dx$	$f(x)$ の定積分
$[F(x)]_a^b$	$F(b) - F(a)$
$\cos x$	余弦関数
$\sin x$	正弦関数
$\tan x$	正接関数
$\arccos x$	$\cos x \ (0 \leq x \leq \pi)$ の逆関数
$\arcsin x$	$\sin x \ (-\pi/2 \leq x \leq \pi/2)$ の逆関数
$\arctan x$	$\tan x \ (-\pi/2 < x < \pi/2)$ の逆関数
$\log x$	x の自然対数
$\log_a x$	a を底とする x の対数
$n!$	$n \cdots \cdots 2 \cdot 1$
$_nP_r$	$n!/(n-r)!$
$_nC_r$	$n!/r!(n-r)!$
$P(A)$	A の確率
$P_E(A)$	条件付き確率
$l \parallel m$	l, m は平行
$l \perp m$	l, m は垂直
$X \approx Y$	距離空間 (位相空間) X, Y は同相
S^n	n 次元球面

010

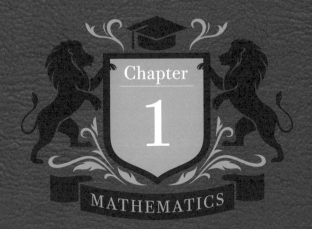

Chapter
1

MATHEMATICS

数学の基礎編

満室の「無限」ホテルで新しい客を泊める方法

理論	集合論	理論の難しさ	🎓🎓🎓🎓🎓 大学 1 ～ 2 年生
テーマ	集合の濃度	クイズの対象	🎓🎓🎓🎓🎓 中学 3 年生

　「無限」に多くの部屋をもつ「無限」ホテルがあったとする。次の ① ～ ③ のうち，このホテルにすでに泊まっていた客も新しい客もすべて泊めることができる場合はどれか。下の **A～D** から正しいものを選べ。ただし，このクイズでいう「無限」とは，少なくとも 1 つのものがあり，すべてのものに番号が付けられて，n の番号の付いたものがあれば $n + 1$ の番号の付いたものがあることを意味する。[注1)]

① 　満室の状態で，1 人の客がやって来た場合

② 　満室の状態で，「無限」に多くの客を乗せた 1 台の「無限」バスがやって来た場合

③ 　全室空室の状態で，それぞれ「無限」に多くの客を乗せた，「無限」に多くの「無限」バスがやって来た場合

A 　いずれも不可能 　　　　　　**B** 　① のみ可能

C 　① と ② のみ可能 　　　　　**D** 　すべて可能

注1) このクイズは，D・ヒルベルトが講義で無限集合について説明するときにした話 (**ヒルベルトの無限ホテル**として知られている) をもとにして作った。

答え D

解説　「無限」ホテルの各部屋に 1, 2, $\cdots$, n, $\cdots$ と部屋番号を付ける。

　① の場合は，すでに泊まっていた客全員を部屋番号が 1 つずつ大きい部屋に移動させて，新しい客を 1 号室に泊めれば，すべての客を泊めることができる。

　② の場合は，すでに泊まっていた客全員を部屋番号が 2 倍の部屋に移動させて，新しい客を部屋番号が奇数の部屋に泊めれば，すべての客を泊めることができる。

　③ の場合は，バスに 1, 2, $\cdots$, m, $\cdots$ と号車番号を付けて，各バスの座席に 1, 2, $\cdots$, n, $\cdots$ と座席番号を付けるとき，m 号車の座席番号 n の人を $(m+n)(m+n-1)/2 - m + 1$ 号室に泊めれば，すべての客を泊めることができる（➡ 右表）。

$m \setminus n$	1	2	3	$\cdots$
1	1	3	6	$\cdots$
2	2	5	$\cdots$	$\cdots$
3	4	$\cdots$	$\cdots$	$\cdots$
$\vdots$	$\vdots$	$\cdots$	$\cdots$	$\cdots$

理論紹介　① では，新しい客が 0 号室にいると考えると，n 号室の客を $n+1$ 号室に移せば，すべての部屋を使ってすべての客を泊めることができる。これは，0 以上の整数全体の集合を X，正の整数全体の集合を Y とおくと，関数 $f(x) = x + 1$ $(x \in X)$ により，X, Y の要素はもれも重複もなく対応するということである。

　集合 X の要素 x を集合 Y のある要素 $f(x)$ に対応させる規則 f を，X から Y への**写像**と呼び（X, Y が数の集合のときは**関数**と呼ぶことも多い），$f : X \to Y$ で表す。X を f の**定義域**，Y を f の**行き先**と呼ぶ。$\mathrm{id}_X(x) = x$ で定まる写像 $\mathrm{id}_X : X \to X$ を X の**恒等置換**（**恒等変換**）と呼ぶ。また，2 つの写像 $f : X \to Y$, $g : Y \to Z$ に対して，$(g \circ f)(x) = g(f(x))$ で定まる写像 $g \circ f : X \to Z$ を f, g の**合成**（**写像**）と呼ぶ。

　上記のように，写像 $f : X \to Y$ により X の要素が Y の要素にもれも重複もなく対応しているとき，f を**全単射**と呼ぶ。この f は，$g \circ f = \mathrm{id}_X$, $f \circ g = \mathrm{id}_Y$ を満たす写像 $g : Y \to X$（f の**逆写像**と呼ぶ）が存在するような写像に他ならない。2 つの集合 X, Y の間に全単射が存在するとき，X, Y の**濃度は等しい**という（➡ 右図）。

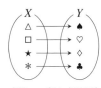

　② では，すでに泊まっていた客全員を部屋番号が偶数の部屋に，新しい客を部屋番号が奇数の部屋に移動させられるが，これは正の整数全体の集合，正の偶数全体の集合，正の奇数全体の集合の濃度が等しいことを意味する。③ は，正の整数のペア全体の集合と正の整数全体の集合の濃度が等しいことを意味する。

　これに対して，有限集合 $X = \{1, 2, \cdots, n\}$ は正の整数全体の集合 Y に含まれるが，X, Y の濃度は等しくない。一般に，集合 X の互いに異なる要素を集合 Y の互いに異なる要素に対応させる写像（**単射**と呼ぶ）が存在して X から Y への全単射が存在しないとき，X より Y の**濃度は大きい**という。

無限集合の「大きさ」の比較

理論	集合論	理論の難しさ	大学 1～2 年生
テーマ	カントールの定理	クイズの対象	高校 1～2 年生

　0 以上の整数全体の集合を $\mathbb{N}$ で，実数全体の集合を $\mathbb{R}$ で表す。また，開区間 $(0, 1)$，つまり $0 < x < 1$ を満たす実数 x 全体の集合を I とおく。これらの集合の濃度（➡p.013）について正しいものを，次の **A**～**D** から選べ。

A　$\mathbb{N}, I, \mathbb{R}$ はすべて濃度が等しい

B　$\mathbb{N}$ と I は濃度が等しいが，I と $\mathbb{R}$ は濃度が異なる

C　$\mathbb{N}$ と I は濃度が異なるが，I と $\mathbb{R}$ は濃度が等しい

D　$\mathbb{N}, I, \mathbb{R}$ はすべて濃度が異なる

■**答え** **C**

■**解説** クイズ01で見たように $\mathbb{N}$ と正の整数全体の集合 $\mathbb{Z}_+$ の濃度は等しく，全単射 $\tan(x-1/2)\pi : I \to \mathbb{R}$ （⇒ p.013）により I と $\mathbb{R}$ の濃度は等しい。

ここで，仮に $\mathbb{Z}_+$ と I の濃度が等しいとする。各正の整数 n に対応する I の要素を a_n として，a_n を十進小数で

$$a_1 = 0.a_{11}a_{12}\cdots a_{1n}\cdots,$$
$$a_2 = 0.a_{21}a_{22}\cdots a_{2n}\cdots,$$
$$\vdots \qquad \vdots \qquad \ddots$$
$$a_n = 0.a_{n1}a_{n2}\cdots a_{nn}\cdots,$$
$$\vdots \qquad \vdots \qquad \vdots$$

と表す。小数第 n 位が a_{nn} と異なるような十進小数

$$c = 0.c_1 c_2 \cdots c_n \cdots \quad (1 \leqq c_n \leqq 8)$$

を考えると，$0 < c < 1$ であるから，ある正の整数 n に対して $c = a_n$ となる。しかし，$c_n \neq a_{nn}$ であるから，これは不合理である。

ゆえに，$\mathbb{Z}_+$ と I の濃度は異なり，よって $\mathbb{N}$ と I の濃度は異なる。

■**理論紹介** 集合 X の部分集合全体の集合を X の**べき集合**と呼び，2^X で表す。X と 2^X の間には $f(x) = \{x\}$ で定まる単射 $f : X \to 2^X$ があるから，X の濃度が 2^X の濃度を上回ることはない。実数の二進小数表示と，$\mathbb{N}$ の部分集合が $\mathbb{N}$ の各要素を含むか否かで決まることを使うと，$\mathbb{R}$ と $2^{\mathbb{N}}$ は濃度が等しいことがわかる。よって，解説で示したことから，$\mathbb{N}$ より $2^{\mathbb{N}}$ の濃度は大きい。一般に，

集合 X より 2^X の濃度は大きい

という定理が，G・カントールによって証明された（**カントールの定理**，1891年）。上記の証明法は**対角線論法**として知られている。要素の個数が有限であるか $\mathbb{N}$ と濃度が等しい集合を**可算集合**，$\mathbb{N}$ より濃度が大きい集合を**非可算集合**と呼ぶ。

カントールの定理から「無限集合 X と 2^X の間にそれらと濃度の異なる集合は存在するか」という素朴な疑問が生まれるが，そのような集合は存在しないという仮説を**一般連続体仮説**と呼び，それを $X = \mathbb{N}$ の場合に限った仮説を**連続体仮説**と呼ぶ。連続体仮説と一般連続体仮説は，現代数学の標準的な枠組みの1つである ZFC 公理系（⇒ p.019）と無矛盾であることが，K・ゲーデルによって証明されている（1940年）。また，それらの否定も ZFC 公理系と無矛盾であることが P・コーエンによって証明されたので（1963年），連続体仮説と一般連続体仮説は ZFC 公理系と独立な命題であることが明らかになった。

Question 03
集合の「集まり」は集合になるか

MATHEMATICS

理論	集合論	理論の難しさ	🎓🎓🎓🎓🎓 大学 3 年生以上
テーマ	集合論の公理系	クイズの対象	🎓🎓🎓🎓🎓 高校 1〜2 年生

次の命題 ①, ② について正しいものを，下の **A〜D** から選べ。

①　集合全体の「集まり」もまた集合である。

②　$X \notin X$ を満たす集合 X 全体の「集まり」もまた集合である。

A　①も②も正しい

B　①は正しいが，②は正しくない

C　①は正しくないが，②は正しい

D　①も②も正しくない

答え D

解説 ① について：仮に，集合全体の「集まり」U が集合であるとする。このとき，U の各部分集合も U に属するから，U のべき集合 2^U (➡ p.015) について $2^U \subset U$ となり，2^U の濃度は U の濃度を上回ることはない。これはカントールの定理 (➡ p.015) に矛盾するから，U は集合ではない。

② について：仮に，$X \notin X$ を満たす集合 X 全体の「集まり」U が集合であるとする。$U \in U$ であるとすると，U の定義により $U \notin U$ となり矛盾が生じる。また，$U \notin U$ であるとすると，$U \in U$ となり矛盾が生じる。よって，$U \in U$ と $U \notin U$ のいずれも成り立たないという矛盾が生じるから，U は集合ではない。

理論紹介 集合全体のようなものの「集まり」を考えるのは自然なことだが，その扱いには注意を要する。①，② は，集合論が十分に整備されていなかった時代にそれぞれ，G・カントールによって (**カントールの逆説**, 1899 年)，E・ツェルメロと B・ラッセルによって発見された (**ツェルメロ=ラッセルの逆説**, 1900 年頃)。これらは集合論の矛盾を指摘するかのように思われたが，集合論が公理的に整備されるに伴って，何を集合と呼ぶべきかが定式化され，矛盾を回避する方法が発見された。

例えば，**ツェルメロ=フレンケル集合論** (**ZF 集合論**) では，次の **ZF 公理系**を満たすものだけを集合として認める立場をとる。なお，集合の要素を**元**と呼ぶこともある。

(ZF1) まったく同じ要素をもつ集合は一致する (**外延性公理**)。

(ZF2) 要素をもたない集合 $\varnothing$ が存在する (**空集合の公理**)。

(ZF3) 各要素 x, y に対して，x, y を要素とする集合 $\{x, y\}$ が存在する (**対の公理**)。

(ZF4) 各集合に対して，その要素の要素全体の集合が存在する (**和集合の公理**)。

(ZF5) $\varnothing$ と，各要素 x に対して $x \cup \{x\}$ を，要素にもつ集合が存在する (**無限公理**)。

(ZF6) 各集合 X に対して，部分集合全体の集合 2^X が存在する (**べき集合の公理**)。

(ZF7) 集合 X の各要素 x に対して $f(x, y)$ を満たす y が一意的ならば，X の各要素 x に対して $f(x, y)$ を満たす y 全体の集合 Y が存在する (**置換公理**)。

(ZF8) $\varnothing$ でない集合は自身と共通部分をもたない要素をもつ (**基礎の公理**)。

無限公理を使うと，0 以上の整数全体の集合は $0 = \varnothing$, $n + 1 = n \cup \{n\}$ で定まる数全体の集合として扱うことができる。

集合の「集まり」を**クラス**と呼ぶ。集合もまたクラスであるが，集合全体の「集まり」のように集合ではないクラスもあり，それを**真のクラス**と呼ぶ。これが定義できるように，ZFC 集合論 (➡ p.019) を拡張して，**フォン・ノイマン=ベルナイス=ゲーデル集合論** (**NBG 集合論**) が考え出された。現代数学では，数学的構造を取り扱うため，クラスの概念を使って**圏論**と呼ばれるダイナミックな理論が展開されている。

球面と球の 不思議な裁ち合わせ

理論	集合論	理論の難しさ	🎓🎓🎓🎓🎓 大学3年生以上
テーマ	選択公理	クイズの対象	🎓🎓🎓🎓🎓 大学1〜2年生

集合 I の各要素 i に対して集合 X_i が割り当てられているとき，X_i の要素 x_i の組 $(x_i)_{i \in I}$ 全体の集合として，**集合族** $(X_i)_{i \in I}$ の**直積**

$$\prod_{i \in I} X_i = \{(x_i)_{i \in I} | x_i \in X_i\}$$

が定義される。**選択公理**

$$X_i \neq \varnothing \ (i \in I) \Longrightarrow \prod_{i \in I} X_i \neq \varnothing$$

を認めるとき，次の命題 ①，② について正しいものを，下の **A〜D** から選べ。

① 球面から可算個 (➡ p.015) の点をうまく選んで取り除くと，その集合は A, B, C, $B \cup C$ が互いに合同になるような3つの部分 A, B, C に分けられる。

② 球を空間内で，有限個の部分に分割し，それらを平行移動，回転移動を使ってうまく組み替えると，もとの球と同じ半径の球を2つ作ることができる。

A ① も ② も成り立つ

B ① は成り立つが，② は成り立たない

C ① は成り立たないが，② は成り立つ

D ① も ② も成り立たない

答え　**A**

解説　①，②は，それぞれ**ハウスドルフの定理**，**バナッハ=タルスキーの定理**として，選択公理の仮定のもとで成り立つことが証明されている (後述)。

理論紹介　空でない与えられた集合それぞれから要素を選び出せることは，集合の個数が有限個の場合には明らかであるが，無限個の場合には明らかでない。E・ツェルメロはこれを選択公理として定式化し，そのもとで，G・カントールが考えた

集合 X, Y に対して，X から Y への，または Y から X への単射が存在する

という予想を肯定的に解決した (**濃度の比較可能定理**，1904 年)。

　①のハウスドルフの定理も選択公理を使って証明された (1914 年)。A, B, C に表面積が定義されれば A の表面積は半分にも 3 分の 1 にもなるので，これは，**ハウスドルフの逆説**と呼ばれることもあるが，A, B, C は選択公理を使って構成される表面積が定義できない集合なので本当の「逆説」ではない。

　②のバナッハ=タルスキーの定理は，ハウスドルフの定理を援用することで証明された (1924 年)。A を球，B を 2 つの球の和集合とすると，A と B が有限個の互いに共通部分をもたない部分集合の和集合として $A = A_1 \cup \cdots \cup A_n$，$B = B_1 \cup \cdots \cup B_n$ と表され，各番号 i に対して断片 A_i と B_i が合同になるということである。このような 2 つの図形 A, B は**分割合同**であるという。一見すると球の体積を 2 倍に増やすことができるように思われるので，これは，**バナッハ=タルスキーの逆説**と呼ばれることもあるが，証明における A, B の各断片は選択公理を使って構成される明確な境界や体積をもたない集合なので本当の「逆説」ではない。[注1] なお，球の断片は 5 個以上必要で，5 個で十分であることが知られている。より一般に，

3 次元空間の有界で内部が空でない 2 つの部分集合は分割合同である

という定理が証明されている。ここで，**有界**とは，座標の各成分の取り得る値の範囲が上からも下からもある定数で抑えられるという意味である。

　選択公理を認めると，このような不思議な定理が導かれるが，一方で現代数学の各理論で中心的な役割を果たす多くの定理が選択公理から導かれる。例えば，次の定理は，ZF 公理系 (➡ p.017) のもとで，選択公理と同値であることが証明されている。

- **コンパクト空間の直積はコンパクトである** (**チコノフの定理**，➡ p.031)。
- **任意の体上の任意の線形空間は基底をもつ** (**基底の存在定理**，➡ p.039, 053)。

　なお，ZF 公理系と選択公理は独立であることが証明されており，これらを合わせた公理系を **ZFC 公理系**，それを採用した集合論を **ZFC 集合論**と呼ぶ。

注1) われわれが刃物で球を切って実現できるようなものではない。

MATHEMATICS

騎士と奇人の島の 住人の発言からわかること

理論	数理論理学	理論の難しさ	大学 3 年生以上
テーマ	不完全性定理	クイズの対象	中学 3 年生

　ある島には，真実しか言わない騎士と嘘しか言わない奇人の 2 種類の人が住んでいる。島には，クラブ I，クラブ II という 2 つの社交クラブがある。クラブに入るのが許されているのは騎士だけであり，すべての騎士はクラブ I，クラブ II のいずれかに属している。この島の住人の「自分はクラブ II の会員でない」という発言からわかることとして正しいものを，次の **A〜D** から選べ。[注1]

A　住人は騎士で，クラブ I の会員である

B　住人は騎士で，クラブ II の会員である

C　住人は奇人である

D　住人が騎士，奇人のどちらであるかはわからない

注1）クイズは R・スマリヤンの論理パズルをアレンジしたものである。

答え A

解説 住人が奇人であるとすると，彼はクラブに入れないのだから，彼は真実を言ったことになる。これは奇人が嘘しか言えないことに反する。

よって，住人は騎士である。騎士は真実しか言えないのだから，彼がクラブⅡの会員でないというのは真実である。つまり，住人はクラブⅠの会員である。

理論紹介 D・ヒルベルトは，無矛盾な数学の理論の構築を目標として，
$$x, \varnothing, =, \in, \subset, (,),$$
$$\neg\ (\text{否定}),\ \vee\ (\text{または}),\ \wedge\ (\text{かつ}),\ \Rightarrow\ (\text{ならば}),\ \forall\ (\text{任意の}),\ \exists\ (\text{存在する})$$
といった有限個の記号を土台に，数学の各分野を公理的に展開することを提唱した（**形式主義**）。例えば，**自然数論**は，次の公理をもとに展開される（**ペアノの公理**）。

(N1)　自然数 0 が存在する。[注2]

(N2)　任意の自然数 a に対して，a の**後者** $\text{suc}(a)$ が存在する。[注3]

(N3)　0 はいかなる自然数の後者でもない。

(N4)　自然数 a, b に対して，$a \neq b$ ならば，$\text{suc}(a) \neq \text{suc}(b)$ が成り立つ。

(N5)　性質 P について，0 が P を満たし，自然数 a が P を満たすならば $\text{suc}(a)$ も P を満たすとき，すべての自然数は P を満たす（**数学的帰納法**）。

　K・ゲーデルは，

論理体系において，命題が真であることと，証明できることは同値である

という定理を証明して，公理的に数学を展開することの妥当性を明らかにした（**完全性定理**，1929年）。その一方で，ゲーデルは，次の定理を示した（1931年）。

- **自然数論を含む帰納的に公理化可能な理論が ω 無矛盾であれば，証明も反証もできない命題が存在する**（**第1不完全性定理**）。

- **自然数論を含む帰納的に公理化可能な理論が無矛盾であれば，自身の無矛盾性を証明できない**（**第2不完全性定理**）。

　第1不完全性定理は，クイズの論理パズルを使って，次のように説明できる。ある数学の理論の中で，すべての正しい命題を2つのグループに分け，正しいが証明不可能な命題がグループⅠに，正しく証明可能な命題がグループⅡに入るようにする。ゲーデルは，「自分はグループⅡに入っていない」という命題，つまり「自分はこの理論の中で証明不可能である」という命題を構成した。証明可能な命題はすべて真であるから，この命題は真で，よって主張の通りこの命題は理論の中で証明不可能である。

注2）集合論や数理論理学では 0 を自然数に含めることが多い。

注3）$\text{suc}(a)$ は $a + 1$ を意味する。

碁盤目状の街で
実用的な距離の測り方

| 理論 | 位相空間論 | 理論の難しさ | 🎓🎓🎓🎓🎓 大学 1〜2 年生 |
| テーマ | 距離空間 | クイズの対象 | 🎓🎓🎓🎓🎓 中学 3 年生 |

　下図のような，碁盤目状に道路が整備された街がある。道路に沿って移動するとき，次の **A〜D** の点のうち，点 O からの経路が最も短い点はどれか。ただし，点 O, A, B, C, D はすべて交差点であり，道路は等間隔に敷かれているとして，道路の幅は考えないものとする。

A　点 A　　　**B**　点 B　　　**C**　点 C　　　**D**　点 D

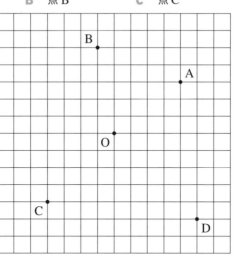

答え B

解説 1マスの幅を1とする。このとき, 点Oからの経路の長さは

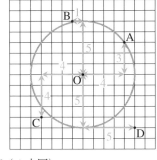

点Aまで：4 + 3 = 7,

点Bまで：1 + 5 = 6,

点Cまで：4 + 4 = 8,

点Dまで：5 + 5 = 10

となるので, 点Oからの経路が最も短い点はBである (➡ 上図)。

理論紹介 クイズにおいて, 点Aは点Oを中心とする半径5の円の周上にあって, 点Bはその外側にあるのに, 点Bまでの経路の方が短くなっている。このように, 碁盤目状に道路が整備された街では, 「2点P, Qがどれだけ離れているか」を考えるとき, われわれが普段考えている距離 (**ユークリッド距離**と呼ぶ) ではなく, PからQまでの経路の長さ (**マンハッタン距離**と呼ぶ) を使うのが合理的である。[注1)] ユークリッド距離とマンハッタン距離は, ずいぶん違うように見えるかもしれないが, 「2点P, Qがどれだけ離れているか」を $d(P, Q)$ で表すことにすると, 共通の性質

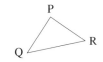

(D0)　$d(P, Q) \geqq 0$

(D1)　$d(P, Q) = 0 \iff P = Q$

(D2)　$d(P, Q) = d(Q, P)$ （**対称性**）

(D3)　$d(P, Q) + d(Q, R) \geqq d(P, R)$ （**三角不等式**, ➡ 右図）

をもつ。

　現代数学では, これらの性質をもつ関数 (2点P, Qの組を実数 $d(P, Q)$ にうつす関数) をすべて**距離関数**と呼び, それが定義された空間を**距離空間**と呼ぶ。端的には, (D0)〜(D3)は, 「2点がどれだけ離れているか」を表す関数が満たすべき最低限の本質的な条件だと言える。実際, ユークリッド距離に関するさまざまな定理が, (D0)〜(D3)をもとに証明される。この条件を満たす関数についても, それと同様の定理がまったく同じ方法で証明できるので, 上記のような抽象的な距離の定義に基づいて「遠近」に関する体系的な議論を行おう, というのが距離空間の理論である。

　なお, ユークリッド距離

$$d((a_1, \cdots, a_n), (b_1, \cdots, b_n)) = \sqrt{(b_1 - a_1)^2 + \cdots + (b_n - a_n)^2}$$

を使うとき, $\mathbb{R}^n = \{(a_1, \cdots, a_n) | a_1, \cdots, a_n \in \mathbb{R}\}$ を **n 次元ユークリッド空間**と呼ぶ。

注1) 平面上の2点 $P(a_1, a_2)$, $Q(b_1, b_2)$ のユークリッド距離は $\sqrt{(b_1 - a_1)^2 + (b_2 - a_2)^2}$, マンハッタン距離は $|b_1 - a_1| + |b_2 - a_2|$ である。

俊足のアキレスと のろまな亀の競争

理論	位相空間論	理論の難しさ	🎓 🎓 🎓 🎓 ⬛ 高校3年生(理)
テーマ	数列の極限	クイズの対象	🎓 🎓 🎓 🎓 🎓 中学3年生

アキレスと亀が競走をすることになった。亀はアキレスから 90 m 進んだ地点 A からスタートし、アキレスは亀より常に速く走るとする。

アキレスと亀が同時にスタートして、アキレスが A 地点に達したとき、亀も同じ時間だけ先に進んで B 地点に達している。アキレスが B 地点に達したとき、亀も同じ時間だけ先に進んで C 地点に達している。アキレスが C 地点に達したとき、亀も同じ時間だけ先に進んで D 地点に達している。これは何回繰り返しても同じであるから、アキレスは亀に追い着けないのではないか、とエレアのゼノンは考えた。

アキレスと亀の競争の結果として正しいものを、次の **A〜D** から選べ。

A アキレスは亀に追い着けない

B アキレスは亀に追い着けるが、亀を追い越せない

C アキレスは亀を追い越せる

D 条件によって、アキレスは亀を追い越せることも、亀に追い着けることも、追い着けないこともある

■ **答え** D

■ **解説** 　亀が秒速 1 m で走り，アキレスが秒速 10 m で走るとする。

t 秒走ったときアキレスが亀に追い着くとすると，$90 + t = 10t$ から $t = 10$ となるので，アキレスは 10 秒走ると 100 m の地点で亀に追い着く。

　これは，次のように説明することもできる。アキレスが 90 m 進んだとき亀が 9 m 進み，アキレスが 9 m 進んだとき亀は 0.9 m 進み，アキレスが 0.9 m 進んだとき亀は 0.09 m 進む。これを繰り返していくと，アキレスは 99.999… m の距離を進んだ地点で亀に追い着く。$100 - 90 = 10$，$100 - 99 = 1$，$100 - 99.9 = 0.1$，$100 - 99.99 = 0.01$，$100 - 99.999 = 0.001$，… は限りなく 0 に近づくから，この距離は 100 m である。

　このとき，アキレスは 100 m より長く走れば亀を追い越すことができる。

　両者が単調に遅くなる場合には，アキレスが亀に追い着けないことがある。[注1)]

■ **理論紹介** 　実数列 (a_n) の極限は，厳密には，次のように定義される（**ε-N 論法**）。[注2)]

　　任意の正の数 ε に対して，ある番号 N があり，$n \geqq N \implies |a_n - \alpha| < \varepsilon$

を満たすとき，(a_n) は α に **収束する**といい，α を (a_n) の **極限値**と呼ぶ。これは，与えられた正の数 ε の値に応じて，十分大きい番号 N をとれば，その番号以上で a_n と α の差は ε 未満になるということである。例えば，$a_n = 99 + 9\sum_{i=1}^{n} 10^{-i}$ とおくと，

　　任意の正の数 ε に対して，$\varepsilon > 10^{-N}$ のとき，$n \geqq N \implies |a_n - 100| < \varepsilon$

となるから，(a_n) は 100 に収束する。

　また，実数列 (a_n) が収束しないとき，**発散する**という。特に，

　　任意の正の数 G に対して，ある番号 N があり，$n \geqq N \implies a_n > G$

を満たすとき，(a_n) は **∞ に発散する**という。**−∞ への発散**も同様に定義される。

　数列の概念は**点列**に，実数列の極限の概念は距離空間（➡ p.023）の点列の極限に一般化される。d を距離関数とする距離空間 X の点列 (P_n) が X のある点 P について

　　任意の正の数 ε に対して，ある番号 N があり，$n \geqq N \implies d(P_n, P) < \varepsilon$

を満たすとき，(P_n) は P に **収束する**といい，P を (P_n) の **極限点**と呼ぶ。また，

　　任意の正の数 ε に対して，ある番号 N があり，$m, n \geqq N \implies d(P_m, P_n) < \varepsilon$

を満たすとき，(P_n) を **コーシー列**と呼ぶ。任意のコーシー列が収束するような距離空間は**完備**であるという。n 次元ユークリッド空間 $\mathbb{R}^n$ は完備であるが，これは解析学を展開するうえで極めて重要な性質である。

───

注1）例えば，t 秒後のアキレスが秒速 $v(t) = 1/(1 + t^2)$ m，亀が秒速 $0.1v(t)$ m のとき，アキレスは亀より常に速いが，アキレスは $\int_0^\infty v(t)dt = \int_0^\infty dt/(1 + t^2) = 0.5\pi$ (m) より先に進めない（➡ p.079）。

注2）数列は，数の組 $(a_1, \cdots, a_n)$ を一般化した概念であるため，かっこ ( ) を使って表すことが多い。

Question
08
MATHEMATICS

曲げと伸縮で
互いに変形できる図形

理論	位相空間論	理論の難しさ	🎓🎓🎓🎓🎓 大学 1〜2 年生
テーマ	同相写像	クイズの対象	🎓🎓🎓🎓🎓 中学 3 年生

　次の **A〜D** に示す 4 つの文字を，針金を曲げたり (折り曲げと反らしの両方ができるとする)，溶接したりして作る。平行移動，回転移動，対称移動に加えて，曲げと伸縮だけで互いに変形できる文字を仲間とみなすとき，仲間外れの文字はどれか。ただし，針金の太さは考えないものとする。

A　H　　B　I　　C　J　　D　K

曲げと伸縮で互いに変形できる図形

■**答え**　C

■**解説**　HとIが同じ仲間であることは，一方を90°回転して，各辺を伸び縮みさせることでわかる。また，Kは斜めの2本の線の交点で折り曲げると細長いHのような形になるから，伸び縮みさせるとHの形になる。Jは，反った部分を真っすぐにすることよってTのような形になるが，曲げと伸縮ではIの下部の線を付けることができないから，仲間外れである。

■**理論紹介**　クイズで考えた曲げと伸縮で互いに変形できる図形は，厳密には「同相」と呼ばれる概念を使って説明される。

　X を距離空間（➡p.023）とし，$P \in X$ とする。X の部分集合 U が，ある正の数 r について P からの距離が r 未満の点をすべて含むとき，U を P の**近傍**と呼ぶ。例えば，ユークリッド平面 $\mathbb{R}^2$ において，単位円 $x^2 + y^2 < 1$ は原点の近傍である。

　近傍の概念を使うと，X の部分集合 S について，

- S の**内部**は，S に含まれる近傍をもつ点全体の集合
- S の**外部**は，S の補集合に含まれる近傍をもつ点全体の集合
- S の**境界**は，S とも S の補集合とも共通部分をもつような近傍をもつ点全体の集合

として，それぞれ厳密に定義できる。集合 O の内部が O 自身に一致するとき，O を**開集合**と呼び，開集合の補集合であるような集合を**閉集合**と呼ぶ。これらは，開区間 (a,b), (a,∞), $(-\infty,b)$, 閉区間 $[a,b]$, $[a,\infty)$, $(-\infty,b]$ の概念の一般化である。

　距離空間 X から距離空間 Y への写像 f が，X の点 P の近傍を $f(P)$ の近傍にうつすとき，f を**連続写像**と呼ぶ。[注1]例えば，線分を定義域，ユークリッド平面を行き先とする連続写像の値域は，一筆書きできる曲線になる。

　連続写像 $f: X \to Y$ が全単射であり，逆写像も連続であるとき，f を**同相写像**と呼ぶ。2つの位相空間 X, Y の間に同相写像が存在するとき，X, Y は**同相**であるといい，$X \approx Y$ と表す。例えば，数直線上の線分 $X = \{x| -1 \leqq x \leqq 1\}$ と平面上の L 字形 $Y = \{(x,0)|0 \leqq x \leqq 1\} \cup \{(0,y)|0 < y \leqq 1\}$ との間には

$$f(x) = (0,-x) \ (-1 \leqq x < 0), \quad f(x) = (x,0) \ (0 \leqq x \leqq 1)$$

で定まる同相写像 $f: X \to Y$ があるから，$X \approx Y$ である。よく知られているように，空間図形では，取っ手が1つ付いたカップと1つ穴のドーナツは同相である。

　位相空間は，距離空間の一般化として，各点に対して近傍全体の集合が定まった空間として公理的に定義される。位相空間の同相の概念も，距離空間と同様に定義される。位相空間論は，現代数学において，分野を問わず欠かせないものとなっている。

注1）選択公理（➡p.018）のもとで，$f(\lim_{n\to\infty} P_n) = \lim_{n\to\infty} f(P_n)$ を満たす写像に他ならない。

ひらがなの
パーツの個数

理論	位相空間論	理論の難しさ 🎓🎓🎓🎓🎓 大学 1〜2 年生
テーマ	連結空間	クイズの対象 🎓🎓🎓🎓🎓 中学 3 年生

　　粘土ですべてのひらがなの形を作るとき，1 つの文字につきパーツは最大何個必要になるか。次の **A〜D** から選べ。

A　3個　　　　　**B**　4個　　　　　**C**　5個　　　　　**D**　6個

あ	い	う	え	お	か	き	く	け	こ
さ	し	す	せ	そ	た	ち	つ	て	と
な	に	ぬ	ね	の	は	ひ	ふ	へ	ほ
ま	み	む	め	も	や		ゆ		よ
ら	り	る	れ	ろ	わ	を	ん		
が	ぎ	ぐ	げ	ご	ざ	じ	ず	ぜ	ぞ
だ	ぢ	づ	で	ど	ば	び	ぶ	べ	ぼ
ぱ	ぴ	ぷ	ぺ	ぽ					

■ **答え** D

■ **解説**　粘土で「ぶ」の文字を作るとき 6 個のパーツが必要で，これがパーツの個数が最大のひらがなである。なお，次にパーツの個数が多いひらがなは，5 個のパーツからなる「だ」「ぷ」である。

■ **理論紹介**　位相空間論 (⇒ p.027) には，空間が「つながっている」という概念のいくつかの厳密な定式化がある。

　位相空間 X が共通部分をもたない 2 つの空でない開集合 O_1, O_2 を用いて $X = O_1 \cup O_2$ と表されるとき，X は**非連結**であるという。X は非連結でないとき**連結**であるという。例えば，共通部分をもたない 2 つの開区間の和集合 $(-1, 0) \cup (0, 1)$ は非連結であり，1 つの開区間 $(-1, 1)$ は連結である (⇒ 右図)。

　位相空間 $X (\neq \varnothing)$ の連結な部分集合のうち**極大**な集合 ($S \subset S'$ ならば $S = S'$ を満たす集合 S) を，X の**連結成分**と呼ぶ。すべての位相空間は，互いに共通部分をもたない連結成分の和集合として表せる。例えば，$(-1, 0) \cup (0, 1)$ の連結成分は $(-1, 0)$ と $(0, 1)$ である。クイズでは，ひらがなの連結成分の個数を問題にした。

　$f(0) = f(1)$ を満たす連続写像 $f : [0, 1] \to \mathbb{R}^2$ の値域として定まる曲線 C をユークリッド平面 $\mathbb{R}^2$ 上の**閉曲線**と呼ぶ。特に，自身と交わらない閉曲線を**単純閉曲線**と呼ぶ。よく知られているように，

$\mathbb{R}^2$ は単純閉曲線 C によって，2 つの連結な集合に分けられる

という**ジョルダンの曲線定理**が成り立つ (⇒ 右図)。つまり，C の補集合は 2 つの連結成分からなり，その 1 つは有界 (⇒ p.019) であって，もう 1 つは有界でない。この定理は，解析学などでよく用いられるが，内容が直観的に明らかだと思われる反面，証明が非常に難しい。

　位相空間 X の任意の 2 点 P, Q が曲線で結べる，つまり $f(0) = $ P，$f(1) = $ Q を満たす連続写像 $f : [0, 1] \to X$ が存在するとき，X は**弧状連結**であるという。位相空間は，弧状連結ならば連結である。この逆は，n 次元ユークリッド空間の開部分集合については成り立つが，一般の位相空間では必ずしも成り立たない。

　弧状連結な位相空間 X に置かれた任意の閉曲線がある連続的な変形によって 1 点に収縮されるとき，X は**単連結**であるという。球面は単連結であるが，逆に単連結な閉曲面は球面に同相である。これを 3 次元に高次元化した予想が，**ポアンカレ予想**で，G・ペレルマンによって肯定的に解決された (2003 年)。

Question 10

最大値・最小値を
もつ関数

理論	位相空間論	理論の難しさ 🎓🎓🎓🎓🎓 大学 1〜2 年生
テーマ	最大値・最小値の原理	クイズの対象 🎓🎓🎓🎓 高校 3 年生(理)

　区間 I を定義域とする実数値連続関数が常に最大値と最小値をもつのは，次のどの場合か。正しいものを，下の **A〜D** から選べ。ただし，$a < b$ とする。

① 　$I = [a, b]$

② 　$I = [a, \infty), (-\infty, b]$

③ 　$I = [a, b), (a, b], (a, b)$

④ 　$I = (a, \infty), (-\infty, b), (-\infty, \infty)$

A 　①のみ

B 　①，②のみ

C 　①，③のみ

D 　①〜④のすべて

答え A

解説　① の形の閉区間を定義域とする実数値連続関数は最大値と最小値をもつことが知られている (後述) 。

　②～④ の形の区間を定義域とすると，$f(x) = x$ は最大値または最小値をもたない。例えば，$I = [0, \infty)$, $(0, \infty)$ のとき $f(x)$ はいくらでも大きな値をとるから最大値をもたず，$I = (0, 1)$ のとき $f(x)$ は 1 にいくらでも近い値をとるが最大値をもたない。

理論紹介　実数全体の集合 $\mathbb{R}$ の部分集合 S がある閉区間 $[a, b]$ に含まれるとき，S は**有界**であるという。例えば，区間 $[a, b]$, $[a, b)$, $(a, b]$, (a, b) は有界であるが，$[a, \infty)$, $(-\infty, b]$, (a, ∞), $(-\infty, b)$ は有界でない。

　位相空間論 (➡ p.027) において，有界閉区間は**コンパクト集合**という概念に一般化される。[注1)] 例えば，有界閉区間の直積 $[a_1, b_1] \times \cdots \times [a_n, b_n]$ はコンパクト集合である。クイズで紹介した定理は，

コンパクト集合を定義域とする実数値連続写像は最大値と最小値をもつ

という定理に一般化される (**最大値・最小値の原理**) 。この定理は，実際に関数の最大値・最小値を求めるときに重要な役割を果たすが，ロルの定理などの解析学の基本的な定理の証明で使われるという点でも重要である。

　最大値・最小値の原理は，次の 2 つを証明することによって導かれる。

・位相空間 X から位相空間 Y への連続写像 f に対して，X のコンパクトな部分集合 K は Y のコンパクトな部分集合 $f(K)$ にうつされる。

・実数直線 $\mathbb{R}$ の部分集合 K がコンパクトであるためには，K が有界閉集合であることが必要十分である。

　後者については，n 次元ユークリッド空間 $\mathbb{R}^n$ の部分集合 K に対して，

K がコンパクト集合 $\Longleftrightarrow$ K が有界閉集合

が成り立つことが知られており，証明には本質的に

値域が有界な実数列は収束する部分列をもつ

という**ボルツァーノ=ヴァイエルシュトラスの定理**が使われる。

　A・チコノフは，選択公理 (➡ p.018) を前提として，

(有限個とは限らない) コンパクトな位相空間の直積はコンパクトである

という定理を証明した (1935 年) 。逆に，この定理から選択公理を導くこともできる。

注1) 位相空間 X の部分集合 K が，次の条件を満たすとき，K をコンパクト集合と呼ぶ。K が (有限個とは限らない) 開集合 U_i $(i \in I)$ の和集合 $\bigcup_{i \in I} U_i$ に含まれるならば，K は U_i $(i \in I)$ から適当に有限個を選んで作った和集合 $U_{i_1} \cup \cdots \cup U_{i_r}$ に含まれる。

根号が無限に入れ子になった数の値

理論	位相空間論	理論の難しさ 🎓🎓🎓🎓🎓 大学1〜2年生
テーマ	不動点定理	クイズの対象 🎓🎓🎓🎓 高校3年生(理)

大学入試対策 ▶ $a_1 = \sqrt{2}$, $a_{n+1} = \sqrt{2 + a_n}$ で定まる数列 (a_n) の極限値として正しいものを, 次の **A**〜**D** から選べ。

  A 2   **B** $1 + \sqrt{2}$ **C** e **D** π

復習
- 数列 (x_n), (y_n), (z_n) に対して, $x_n \leqq y_n \leqq z_n$ $(n \geqq 1)$ であり, (x_n), (z_n) が同じ値 α に収束するならば, (y_n) も α に収束する (**挟みうちの原理**)。
- $-1 < r < 1$ ならば,

$$\lim_{n \to \infty} r^n = 0$$

である。

答え **A**

解説 $\sqrt{2} < \sqrt{2+\sqrt{2}}$, $\sqrt{2+2} = 2$ であるから，数学的帰納法により $\sqrt{2} \le a_n < 2$ が成り立つことがわかる。よって，

$$a_{n+1} - a_n = \frac{(\sqrt{2+a_n} - a_n)(\sqrt{2+a_n} + a_n)}{\sqrt{2+a_n} + a_n} = \frac{2 + a_n - a_n^2}{\sqrt{2+a_n} + a_n} = \frac{(1+a_n)(2-a_n)}{\sqrt{2+a_n} + a_n} > 0$$

であるから，$a_n < a_{n+1}$ が成り立つ。したがって，$a_1 \le \cdots \le a_n$ であるから，

$$2 - a_{n+1} = 2 - \sqrt{2+a_n} = \frac{2-a_n}{2+\sqrt{2+a_n}} \le \frac{2-a_n}{2+\sqrt{2+a_1}} = \frac{2-a_n}{2+\sqrt{2+\sqrt{2}}}$$

が成り立つ。ゆえに，

$$0 < 2 - a_n \le \cdots \le (2-a_1) \div \left(2 + \sqrt{2+\sqrt{2}}\right)^{n-1}$$

が成り立ち，右辺は 0 に収束するから，$\lim_{n\to\infty}(2 - a_n) = 0$ つまり $\lim_{n\to\infty} a_n = 2$ である。

理論紹介 S・バナッハは，d を距離関数とする空でない完備距離空間 X (➡p.023, 025) から X 自身への連続写像 f (➡p.027) について，

ある実数 r ($0 \le r < 1$) に対して $d(f(P), f(Q)) \le r \cdot d(P, Q)$ ($P, Q \in X$)
であるならば，$f(P^*) = P^*$ を満たす X の点 P^* がただ 1 つ存在し，
それは $P_{n+1} = f(P_n)$ と任意の初期条件で定まる点列 (P_n) の極限である

という定理を示した (**バナッハの不動点定理**，1922 年)。この定理の条件を満たす連続写像を**縮小写像**，点 P^* を f の**不動点**と呼ぶ。この定理は，微分方程式 (➡p.089) の解の存在と一意性といった重要な定理の証明で使われる。

$f(x) = \sqrt{2+x}$ $(x > 0)$ は縮小関数であり，$\sqrt{2+x} = x$ の解は $x = 2$ であるから，バナッハの不動点定理により，クイズの数列 (a_n) は 2 に収束する。この $f(x)$ が縮小関数であることは，$0 < x_1 < x_2$ のとき，平均値の定理により

$$\frac{f(x_2) - f(x_1)}{x_2 - x_1} = f'(c) \quad \text{つまり} \quad \frac{\sqrt{2+x_2} - \sqrt{2+x_1}}{x_2 - x_1} = \frac{1}{2\sqrt{2+c}}$$

を満たす実数 c が $x_1 < c < x_2$ の範囲に存在し，よって

$$\left| \sqrt{2+x_2} - \sqrt{2+x_1} \right| = \frac{|x_2 - x_1|}{2\sqrt{2+c}} < \frac{1}{2\sqrt{2}} |x_2 - x_1|$$

が成り立つことから示される。

また，この他にも位相空間論で不動点定理という名の定理は数多く存在し，特に

コンパクト凸集合 X から X 自身への連続写像 f に対して(➡p.031, 080)，
$f(P^*) = P^*$ を満たす X の点 P^* が存在する

という**ブラウアーの不動点定理** (1910 年) が有名である。この定理は，微分方程式論，微分幾何学，ゲーム理論などの数学の諸分野，経済学において広範な応用がある。

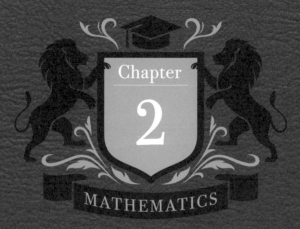

Chapter

2

MATHEMATICS

代数学編

1段飛ばしを許した 階段の上り方

理論 線形代数学	**理論の難しさ** 🎓🎓🎓🎓🎓 大学1〜2年生
テーマ 行列の対角化	**クイズの対象** 🎓🎓🎓🎓🎓 高校1〜2年生

大学入試対策 ▶ 1歩目は1段だけ上るとし，2歩目以降は1歩で1段上ることも2段上ることもできるとして，n段の階段を上る方法の総数を F_n とおく。F_n を表す式を，次の **A**〜**D** から選べ。

A $\left(\dfrac{1+\sqrt{5}}{2}\right)^n + \left(\dfrac{1-\sqrt{5}}{2}\right)^n$

B $\dfrac{1}{\sqrt{5}}\left(\dfrac{1+\sqrt{5}}{2}\right)^n - \dfrac{1}{\sqrt{5}}\left(\dfrac{1-\sqrt{5}}{2}\right)^n$

C $\dfrac{(2+\sqrt{3})^n + (2-\sqrt{3})^n}{2}$

D $\dfrac{(2+\sqrt{3})^n - (2-\sqrt{3})^n}{2\sqrt{3}}$

復習
- 数列 (a_n) において，各項が 0 でなく，隣り合う 2 項の比 a_{n+1}/a_n が一定値 r であるとき，(a_n) を**公比 r の等比数列**と呼ぶ。
- 公比 r の等比数列 (a_n) の第 n 項は
$$a_n = a_1 r^{n-1}$$
である。
- $a_{n+1} = pa_n + q\ (p \neq 0)$ のとき，$x = px + q$ の解を α とおくと，数列 $(a_n - \alpha)$ は公比 p の等比数列になる。
- $a_{n+2} = pa_{n+1} + qa_n\ (p \neq 0)$ であり，$x^2 = px + q$ が異なる 2 つの解 α, β をもつとき，数列 $(a_{n+1} - \alpha a_n)$，$(a_{n+1} - \beta a_n)$ はそれぞれ公比 β, α の等比数列になる。

答え **B**

解説 $n + 2$ 段の階段を上る場合の数は,最後の1歩で2段上るとき F_n 通り,最後の1歩で1段上るとき F_{n+1} 通りだけあるから,

$$F_{n+2} = F_n + F_{n+1} \quad \cdots ①$$

が成り立つ。数列 $(F_{n+1} - \alpha F_n)$, $(F_{n+1} - \beta F_n)$ がそれぞれ公比 β, α の等比数列となるように α, β の値を定める。$F_{n+2} - \alpha F_{n+1} = \beta(F_{n+1} - \alpha F_n)$, $F_{n+2} - \beta F_{n+1} = \alpha(F_{n+1} - \beta F_n)$ が成り立てばよいので,$F_{n+2} = (\alpha + \beta)F_{n+1} - \alpha\beta F_n$ と ① から,$\alpha + \beta = 1$, $\alpha\beta = -1$ が成り立てばよい。このとき,α, β は2次方程式 $x^2 - x - 1 = 0$ の解であるから,$\alpha = (1 + \sqrt{5})/2$, $\beta = (1 - \sqrt{5})/2$ とする。明らかに $F_1 = 1$ であり,1歩目は1段だけ上るという条件から $F_2 = 1$ である。よって,数列 $(F_{n+1} - \alpha F_n)$, $(F_{n+1} - \beta F_n)$ の第1項は,それぞれ $F_2 - \alpha F_1 = 1 - \alpha = \beta$, $F_2 - \beta F_1 = 1 - \beta = \alpha$ である。したがって,α, β の取り方から,$F_{n+1} - \alpha F_n = \beta^n$, $F_{n+1} - \beta F_n = \alpha^n$ が成り立つ。辺々を引くと $(\alpha - \beta)F_n = \alpha^n - \beta^n$ となるので,$\alpha - \beta = \sqrt{5}$ から $F_n = (\alpha^n - \beta^n)/\sqrt{5}$ が得られる。

理論紹介 $F_1 = F_2 = 1$ と ① で定まる数列 (F_n) を**フィボナッチ数列**と呼ぶ。(F_n) の一般項は,**行列**を使って求めることもできる。m 行 n 列の数の配列

$$\begin{pmatrix} a_{11} & \cdots & a_{1n} \\ \vdots & \ddots & \vdots \\ a_{m1} & \cdots & a_{mn} \end{pmatrix} \quad (\text{以下,これを } (a_{ij}) \text{ のように表す})$$

を **$m \times n$ 行列**と呼ぶ。特に,$m \times 1$ 行列は**列ベクトル**である。実数 λ, $m \times n$ 行列 (a_{ij}), (b_{ij}), $m \times l$ 行列 (x_{ik}), $l \times n$ 行列 (y_{kj}) に対して,定数倍,和,積をそれぞれ

$$\lambda(a_{ij}) = (\lambda a_{ij}), \quad (a_{ij}) + (b_{ij}) = (a_{ij} + b_{ij}), \quad (x_{ik})(y_{kj}) = (x_{i1}y_{1j} + \cdots + x_{il}y_{lj})$$

で定義する。$F_0 = 0$ とすると,漸化式 $F_{n+1} = F_{n-1} + F_n$ は,行列を用いて

$$\begin{pmatrix} F_{n+1} \\ F_n \end{pmatrix} = A\begin{pmatrix} F_n \\ F_{n-1} \end{pmatrix} = \cdots = A^n\begin{pmatrix} F_1 \\ F_0 \end{pmatrix} = A^n\begin{pmatrix} 1 \\ 0 \end{pmatrix}, \quad A = \begin{pmatrix} 1 & 1 \\ 1 & 0 \end{pmatrix}$$

と表せるから,A の n 乗 A^n が求まれば F_n が求まる。A は

$$A = P\begin{pmatrix} \alpha & 0 \\ 0 & \beta \end{pmatrix}P^{-1}, \, P = \begin{pmatrix} \alpha & \beta \\ 1 & 1 \end{pmatrix}, \, P^{-1} = \frac{1}{\alpha - \beta}\begin{pmatrix} 1 & -\beta \\ -1 & \alpha \end{pmatrix}, \, PP^{-1} = P^{-1}P = \begin{pmatrix} 1 & 0 \\ 0 & 1 \end{pmatrix}$$

と表されるので(これを A の**対角化**と呼び,α, β を A の**固有値**と呼ぶ),

$$A^n = P\begin{pmatrix} \alpha^n & 0 \\ 0 & \beta^n \end{pmatrix}P^{-1} = \frac{1}{\alpha - \beta}\begin{pmatrix} \alpha^{n+1} - \beta^{n+1} & -\alpha^{n+1}\beta + \alpha\beta^{n+1} \\ \alpha^n - \beta^n & -\alpha^n\beta + \alpha\beta^n \end{pmatrix}$$

から,上記の結果が得られる。

　行列は必ずしも対角化できるとは限らないが,それに近い**ジョルダン標準形**と呼ばれる形に変換でき,比較的容易にべき乗が計算できることが知られている。

平面図形の移動の分解

理論	線形代数学	理論の難しさ	🎓🎓🎓🎓🎓 大学 1〜2 年生
テーマ	線形写像	クイズの対象	🎓🎓🎓🎓🎓 中学 3 年生

次の命題 ①, ② について正しいものを，下の **A〜D** から選べ。

① 2 つの合同な平面図形は，平行移動，回転移動，線対称移動の組合せで互いにうつり合う。

② 2 つの合同な平面図形は，高々 3 個の線対称移動の組合せで互いにうつり合う。

A ① も ② も正しい

B ① は正しいが，② は正しくない

C ① は正しくないが，② は正しい

D ① も ② も正しくない

答え A

解説 ① について：平行移動との組合せを考えると，平行移動以外には原点を動かさない移動を考えれば十分である。対応する2つの頂点と原点を結ぶ直線が重なっていなければ，回転移動が必要になる。回転移動が必要でなく，表裏が変わっていれば，線対称移動が必要になる。これらの組合せで
すべての平面図形の移動を表せる。

② について：三角形の表裏は1つの線対称移動でそろえられて，表裏のそろった △ABC, △A'B'C' は2つの線
対称移動でうつり合うこと (➡ 右図) からわかる。

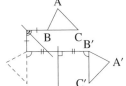

理論紹介 平面ベクトル全体の集合 $\mathbb{R}^2$，空間ベクトル全体の集合 $\mathbb{R}^3$ のように，加法 $a + b$，減法 $a - b$，定数倍 λa $(a, b \in V, \lambda \in \mathbb{R})$ が定義され，結合法則，交換法則，定数倍のしかるべき法則を満たす集合 $V (\neq \varnothing)$ を**実線形空間**と呼ぶ。[注1)]

ベクトル $e_1 = \begin{pmatrix} 1 \\ 0 \end{pmatrix}$, $e_2 = \begin{pmatrix} 0 \\ 1 \end{pmatrix}$ を使うと，すべての平面ベクトルが $\begin{pmatrix} a_1 \\ a_2 \end{pmatrix} = a_1 e_1 + a_2 e_2$

$(a_1, a_2 \in \mathbb{R})$ の形に一意的に表せる。このように，実線形空間 V の各要素 a が $a = a_1 e_1 + \cdots + a_n e_n$ $(a_1, \cdots, a_n \in \mathbb{R})$ の形に一意的に表されるとき，V の要素の組 $(e_1, \cdots, e_n)$ を V の**基底**と呼び，V を **n 次元実線形空間**と呼ぶ。例えば，$\mathbb{R}^n$ は n 次元実線形空間である。なお，有限次元でない線形空間も含めて，選択公理のもとで，すべての線形空間は基底をもつことが知られている (➡ p.018)。

実線形空間 V から実線形空間 W への写像 f で，

$$f(a + b) = f(a) + f(b), \quad f(\lambda a) = \lambda f(a) \quad (a, b \in V, \lambda \in \mathbb{R})$$

を満たすものを**実線形写像** ($V = W$ のとき V の**実線形変換**) と呼ぶ。例えば，平面上の移動は，$\mathbb{R}^2$ の実線形変換であり，原点を中心とする角 θ の回転移動は行列を使って

$$\begin{pmatrix} x' \\ y' \end{pmatrix} = \begin{pmatrix} \cos\theta & -\sin\theta \\ \sin\theta & \cos\theta \end{pmatrix} \begin{pmatrix} x \\ y \end{pmatrix}$$

と表せる。一般に，$m \times n$ 行列 A に対して，$f(x) = Ax$ で定まる写像 $f : \mathbb{R}^n \to \mathbb{R}^m$ は実線形写像である。逆に，実線形写像 $f : \mathbb{R}^n \to \mathbb{R}^m$ が与えられれば，$m \times n$ 行列が定まる。クイズの ①，② は行列の理論を使った証明もできる。

線形空間の理論は，**線形代数学**と呼ばれ，連立1次方程式，微分方程式，さまざまな幾何学の理論など，幅広い分野で基本的な役割を果たす。

注1) ベクトルは太字で表すことが多い。定数倍のしかるべき法則とは，$\lambda(a + b) = \lambda a + \lambda b$, $(\lambda + \mu)a = \lambda a + \mu a$, $\lambda(\mu a) = (\lambda\mu)a$, $1a = a$ $(a, b, c \in V, \lambda, \mu \in \mathbb{R})$ である。

あみだくじ の仕組み

理論	群論	理論の難しさ	🎓🎓🎓🎓🎓 大学 1〜2 年生
テーマ	対称群	クイズの対象	🎓🎓🎓🎓🎓 高校 3 年生(理)

n 本のあみだくじが 2 つあるとき，下図のようにつなぐと，これらはあみだくじ 1 つに作り直すことができる。この操作をあみだくじの**合成**と呼ぶ。次の命題 ①, ② について正しいものを，下の **A〜D** から選べ。

① n 本のあみだくじは，同じものを高々 $n!$ 個合成すると，1 本も線をつながないあみだくじと本質的に一致する。

② すべてのあみだくじは，ジャンプなしで表せる。

A ①も②も正しい   **B** ①は正しいが，②は正しくない

C ①は正しくないが，②は正しい   **D** ①も②も正しくない

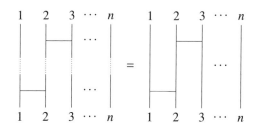

答え　A

解説　① について：n 本のあみだくじは $n!$ 個しかないから，あみだくじ σ を $n! + 1$ 個合成したものは，ある整数 $i\,(1 \leqq i \leqq n!)$ に対して，σ を i 個合成したものと一致する。σ と σ の上下を逆転させたものを合成すると 1 本も線をつながないあみだくじ e と一致するから，σ を $n! + 1 - i$ 個合成すると e と一致する。

② について：n 本のあみだくじを集合 $\{1, \cdots, n\}$ の置換 (集合 X から X 自身への全単射を**置換**と呼ぶ，→ p.013) と同一視する。番号 i, $j\,(i \neq j)$ のみを入れ替える置換を**互換**と呼び，$(i\,j)$ で表す。また，互換 $(i\,j)$, $(k\,l)$ の合成を $(i\,j)(k\,l)$ で表す。i, $j > 1$ のとき，互換 $(i\,j)$ は $(i\,j) = (1\,i)(1\,j)(1\,i)$ と表される。また，$(1\,2)$ と $(2\,3)$ があれば $(1\,3) = (2\,3)(1\,2)(2\,3)$ が作れて，それと $(3\,4)$ があれば $(1\,4) = (3\,4)(1\,3)(3\,4)$ が作れるので，$(1\,2)$, $(2\,3)$, $\cdots$, $(n-1\,n)$ があればすべての置換が作れる。

理論紹介　演算 $*$ の備わった，次の条件を満たす集合 $G\,(\neq \varnothing)$ を**群**と呼ぶ。

(G1)　a, b, $c \in G$ ならば，$(a * b) * c = a * (b * c)$ が成り立つ (**結合法則**)。

(G2)　$e * a = a * e = a\,(a \in G)$ を満たす G の要素 e (**単位元**) が存在する。

(G3)　$a \in G$ ならば，$a * a' = a' * a = e$ を満たす G の要素 a' (a の**逆元**) が存在する。

群の演算の種類にはいろいろあり，例えば，整数全体の集合は加法に関して群をなし，0 以外の有理数全体の集合は乗法に関して群をなす。また，集合 X の置換の全体は写像の合成を演算として群をなす。これを X の**置換群** S_X と呼ぶ。$X = \{1, \cdots, n\}$ のとき，S_X を **n 次対称群** S_n と呼ぶ。G が有限集合であるとき，G を**有限群**と呼び，その要素の個数 $\#G$ を G の**位数**と呼ぶ。G の要素 a に対して，$a^i = e$ (左辺は i 個の a の演算の結果) を満たす正の整数 i が存在するとき，i の最小値を a の**位数**と呼ぶ。

G の部分集合 $H\,(\neq \varnothing)$ が G と同じ演算に関して群をなすとき，H を G の**部分群**と呼ぶ。例えば，S_n において，偶数個の互換の合成を**偶置換**，奇数個の互換の合成を**奇置換**と呼ぶが，偶置換全体は部分群をなす (**n 次交代群** A_n と呼ぶ)。

G の要素 σ に対して，$\{e, \sigma, \sigma^2, \cdots\}$ は G の部分群となる。これを **σ で生成される部分群**と呼ぶ。例えば，1 つの互換で生成される対称群の部分群は位数 2 の群になる。

有限群 G の部分群 H の位数は $\#G$ の約数になる (**ラグランジュの定理**)。S_n の要素 σ の位数は σ で生成される部分群の位数に等しく，$\#S_n = n!$ の約数である。

$*_G$ を演算とする群 G を定義域，$*_H$ を演算とする群 H を行き先とする写像 f が $f(a *_G b) = f(a) *_H f(b)\,(a, b \in G)$ を満たすとき，f を**準同型写像**と呼ぶ。さらに f が全単射であるとき，f を**同型写像**と呼ぶ。2 つの群 G, H の間に同型写像が存在するとき，G, H は**同型**であるといい，$G \cong H$ と表す。すべての有限群は，ある正の整数 n に対して S_n の部分群に同型であることが知られている (**ケイリーの定理**)。

正三角形をそれ自身に うつす方法

理論 群論	理論の難しさ 🎓🎓🎓🎓🎓 大学 1～2 年生
テーマ 非可換群	クイズの対象 🎓🎓🎓🎓🎓 中学 3 年生

平面上で，正三角形をそれ自身にうつす変換はいくつあるか。次の **A〜D** から選べ。

A 2つ   **B** 3つ   **C** 4つ   **D** 6つ

正三角形をそれ自身にうつす方法

答え　**D**

解説　正三角形 $A_1A_2A_3$ をそれ自身にうつす変換は，何もしないという変換 (恒等変換)，重心を中心とする $\pm120°$ の回転移動，$\angle A_i$ の二等分線に関する対称移動 ($i = 1, 2, 3$) の6つある ($\Rightarrow$ 右図)。

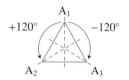

理論紹介　正 n 角形 $A_1A_2\cdots A_n$ をそれ自身にうつす変換全体は，合成を演算として群 ($\Rightarrow$ p.041) をなす。これを**二面体群 D_{2n}** と呼ぶ。[注1)] 恒等置換を ε，重心を中心とする $360° \div n$ の回転移動を σ，$\angle A_1$ の二等分線に関する対称移動を τ とおくと，

$$D_{2n} = \{\varepsilon, \sigma, \cdots, \sigma^{n-1}, \tau, \tau\sigma, \cdots, \tau\sigma^{n-1}\}$$

となる。$\sigma\tau = \tau\sigma^{n-1} = \tau\sigma^{-1}$ が成り立つが，これは「鏡に映した物体の回転は本体の逆回転に相当する」ことを意味している。交換法則を満たす群を**可換群**と呼ぶが，D_{2n} のように交換法則を満たさない群を**非可換群**と呼ぶ。なお，σ を $f(i) = i + 1$ ($1 \leqq i < n$)，$f(n) = 1$ で定まる $\{1, \cdots, n\}$ の置換 f と，τ を互換 (1 2) と同一視すると，D_{2n} は S_n の部分群に同型であることがわかる。

凸正 n 面体をそれ自身にうつす変換全体は群をなす。これを**正多面体群 $P(n)$** と呼ぶ。凸正多面体は正四面体，正六面体，正八面体，正十二面体，正二十面体の5つしかない ($\Rightarrow$ p.111, 113)。$P(4)$ の位数は12，$P(6)$ と $P(8)$ の位数は24，$P(12)$ と $P(20)$ の位数は60で，$P(4) \cong A_4$，$P(6) \cong P(8) \cong S_4$，$P(12) \cong P(20) \cong A_5$ であることが知られている。例えば，$P(4) \cong A_4$ であることは，正四面体の4つの頂点に1~4の番号を付けるとき，$\{1, 2, 3, 4\}$ の偶置換は $P(4)$ の要素になるが，奇置換は $P(4)$ の要素にならない (鏡に映した正四面体への変換を表すため) ことからわかる。また，$P(6) \cong P(8)$，$P(12) \cong P(20)$ であることは，正六面体と正八面体が，正十二面体と正二十面体が，一方の各面の重心を辺で結ぶと他方の多面体が得られる関係にある (**双対**であるという，$\Rightarrow$ p.111) ことからわかる。

$3 \times 3 \times 3$ タイプのルービック・キューブについては，対称性は**ルービック・キューブ群**という位数 $2^{27} \cdot 3^{14} \cdot 5^3 \cdot 7^2 \cdot 11$ の巨大な群で表される。その群を使って，どのような配置も20手あればすべての面をそろえられること，19手以下ではすべての面をそろえられない配置があることが証明されている。

群は，対称性の背後に潜む素朴な概念であり，数学のあらゆる分野で登場する。

非可換群

注1) 二面体群という名前は，正多角形を3次元空間の中で表裏の区別を付けた「二面体」とみなして付けられたものである。

1次不定方程式の解の存在条件

理論	可換環論	理論の難しさ	🎓🎓🎓🎓🎓 大学3年生以上
テーマ	イデアル	クイズの対象	🎓🎓🎓🎓🎓 高校1〜2年生

大学入試対策 ▶ 2つの1次不定方程式

$$3x + 5y = 7 \quad \cdots ①,$$
$$12x + 20y = 30 \quad \cdots ②$$

それぞれについて正しいものを，次の **A〜D** から選べ。

A ①も②も整数解をもつ

B ①は整数解をもつが，②は整数解をもたない

C ①は整数解をもたないが，②は整数解をもつ

D ①も②も整数解をもたない

復習
- a, b の最大公約数が1であるとき，a, b は**互いに素**であるという。
- a, b が互いに素であり，an が b の倍数であるならば，n は b の倍数である。

答え B

解説 ① について：$3 \cdot 2 + 5 \cdot (-1) = 1$ であるから，両辺を 7 倍すると
$$3 \cdot 14 + 5 \cdot (-7) = 7 \quad \cdots ①'$$
となり，① は整数解をもつ。ちなみに，①－①′ から $3(x-14) + 5(y+7) = 0$ つまり $3(x-14) = -5(y+7)$ となるので，3, 5 が互いに素であることに注意すると $(x-14, y+7) = (5n, -3n)$ $(n：整数)$ つまり
$$(x, y) = (5n + 14, -3n - 7) \quad (n：整数)$$
となる。これが ① の一般解である。

② について：② は $6x + 10y = 15$ と同値である。整数 x, y に対して $6x + 10y$ は偶数で，15 は奇数だから，これは整数解をもたず，よって ② も整数解をもたない。

理論紹介 整数全体の集合 $\mathbb{Z}$ のように，加法，減法，乗法が定義され，結合法則，交換法則，分配法則を満たす空でない集合を**可換環**と呼ぶ。可換環 A の部分集合 $I (\neq \varnothing)$ が「$i_1, i_2 \in I \Longrightarrow i_1 + i_2 \in I$」と「$\lambda \in A, i \in I \Longrightarrow \lambda i \in I$」を満たすとき，$I$ を A の**イデアル**と呼ぶ。また，A のイデアル I, J に対して，各要素の和全体の集合 $I + J = \{i + j | i \in I, j \in J\}$ も A のイデアルになる。

これらの概念を使うと，1 次不定方程式 $ax + by = c$ $(a, b, c \in \mathbb{Z})$ の解の存在条件について，次のような明快な議論を行うことができる。$\mathbb{Z}$ において，m の倍数全体の集合を $m\mathbb{Z}$ で表すことにすると，これは $\mathbb{Z}$ のイデアルになることに注意する。

$I = a\mathbb{Z} + b\mathbb{Z}$ に属する最小の正の整数を d とおくと，$I = d\mathbb{Z}$ となる。実際，イデアルの定義により，明らかに $d\mathbb{Z} \subset I$ が成り立つ。I の要素 n を d で割った商を q, 余りを r とおくと，$r = 1 \cdot n + (-q)d \in I$, $0 \leqq r < d$ と d の最小性により $r = 0$ となり，よって $n = dq \in d\mathbb{Z}$ となるから $I \subset d\mathbb{Z}$ も成り立つ。

また，a, b の最大公約数を g とおくと，$d\mathbb{Z} = g\mathbb{Z}$ となる。実際，$a = ga'$, $b = gb'$, $d = ax + by$ $(a', b', x, y \in \mathbb{Z})$ とおくと，$d = g(a'x + b'y) \in g\mathbb{Z}$ となるから，$d\mathbb{Z} \subset g\mathbb{Z}$ が成り立つ。a, $b \in I = d\mathbb{Z}$ から d は a, b の公約数であるので，g の最大性により $g \in d\mathbb{Z}$ となり，$g\mathbb{Z} \subset d\mathbb{Z}$ が成り立つ。

よって，$a\mathbb{Z} + b\mathbb{Z} = g\mathbb{Z}$ であるから，c が g の倍数であるときに限って $ax + by = c$ は整数解をもつことがわかった。

この証明では，本質的に $\mathbb{Z}$ における除法の定理のみを使っている。整数を係数とする多項式についても，除法の定理が成り立つから，同様の定理が成り立つ。一般に，除法の定理が成り立つような可換環を**ユークリッド環**と呼ぶ。この環では**最大公約元**が定義でき，それを整数のユークリッドの互除法と同様の方法で求められる。このように，可換環論では特徴的な性質を備えた環を定義して，体系的な議論を行う。

Question
17
MATHEMATICS

小銭の枚数が最も少なくなるお金の支払い方

理論	可換環論	理論の難しさ	🎓🎓🎓🎓🎓 大学3年生以上
テーマ	剰余類	クイズの対象	🎓🎓🎓🎓🎓 中学3年生

100円玉1枚，10円玉1枚，1円玉1枚の計111円を持っている。レジで56円を支払うとき，おつりをもらった後に小銭の枚数を最も少なくするには，何円を出せばよいか。次の **A〜D** から選べ。

A 100円   **B** 101円   **C** 110円   **D** 111円

■ **答え** D

■ **解説** A〜D の各場合に，おつりをもらった後の小銭の枚数は，次のようになる。
A：出さなかった 10 円玉 1 枚，1 円玉 1 枚と，おつりの 10 円玉 4 枚，1 円玉 4 枚の，計 10 枚。
B：出さなかった 10 円玉 1 枚と，おつりの 10 円玉 4 枚，5 円玉 1 枚の，計 6 枚。
C：出さなかった 1 円玉 1 枚と，おつりの 50 円玉 1 枚，1 円玉 4 枚の，計 6 枚。
D：おつりの 50 円玉 1 枚，5 円玉 1 枚の，計 2 枚。

■ **理論紹介** おつりをもらった後の 1 円玉の枚数を最も少なくするには，代金の一の位を 5 で割った余りの枚数だけ 1 円玉を出せばよい。このような問題を考えるとき，**合同式** (俗にいう**モジュロ演算**) を使うのが便利である。

整数 a, a' を正の整数 n で割った余りが等しいとき，a, a' は **n を法として合同**であるといい，$a \equiv a' \pmod{n}$ と表す。例えば，$56 \equiv 1 \pmod 5$ である。n を法とする合同式については，公式

$$a \equiv a', \ b \equiv b' \implies a + b \equiv a' + b', \ a - b \equiv a' - b', \ ab \equiv a'b', \ a^m \equiv a'^m$$

(a, b, a', b', m：整数，$m > 0$) が基本的である。これを利用すると，$123 + 456 + 789$ 円を支払うとき，おつりをもらった後の 1 円玉の枚数を最も少なくするために出すべき 1 円玉の枚数は

$$123 + 456 + 789 \equiv 3 + 1 + 4 = 8 \equiv 3 \pmod 5$$

から 3 枚と求めることができる。

剰余類の考え方は，整数論で重要な役割を果たす。また，バーコードにも応用されており，誤り検出のために，右端の直前の桁までのモジュロ演算の結果が右端の桁 (チェックディジット) に記されている。

正の整数 n で割った余りが a を n で割った余りに等しい整数全体の集合を $\bar{a}$ で表し，n を法とする a の**剰余類**と呼ぶ。例えば，$\bar{1} = \overline{1 \pm n} = \overline{1 \pm 2n} = \cdots$ であることに注意する。n を法とする剰余類全体の集合 $\{\bar{0}, \bar{1}, \cdots, \overline{n-1}\}$ は

$$\bar{a} + \bar{b} = \overline{a + b}, \quad \bar{a} \cdot \bar{b} = \overline{a \cdot b}$$

で定まる加法，乗法について可換環をなす。これを $\mathbb{Z}/n\mathbb{Z}$ で表す。例えば，$\mathbb{Z}/5\mathbb{Z} = \{\bar{0}, \bar{1}, \bar{2}, \bar{3}, \bar{4}\}$ において $\bar{2} + \bar{4} = \bar{6} = \bar{1}$ が成り立つ。

一般に，可換環 A とイデアル I (➡ p.045) について，**A の I を法とする剰余環 A/I** が定義される。例えば，多項式全体のなす環の剰余環は方程式の理論で重要な役割を果たす。

余りの性質を利用して 作られた暗号の復号

理論	可換環論	理論の難しさ	🎓🎓🎓🎓🎓 大学 3 年生以上
テーマ	オイラーの定理	クイズの対象	🎓🎓🎓🎓🎓 高校 1〜2 年生

ローマ字表記に使うアルファベットを，次のように数字に対応させる。

a	i	u	e	o	k	s	t	n	h	m	y	r	w	g	z	d	b	p
2	3	4	5	6	7	8	9	10	11	12	13	14	15	16	17	18	19	20

ある暗号系では，暗号化された数を 3 乗して 22 で割った余りをとると，もとの数が求められるという。文字列の各アルファベットを数に置き換え，暗号化したものが 11, 3, 9, 5, 18 であるとき，もとの文字列を，次の A〜D から選べ。

A angou   **B** kotae   **C** sekai   **D** heiwa

■ **答え** D

■ **解説** 22 を法とすると

$$11^3 = 121 \cdot 11 \equiv 11 \cdot 11 = 121 \equiv 11,$$

$$3^3 = 27 \equiv 5,$$

$$9^3 = 81 \cdot 9 \equiv 15 \cdot 9 = 135 \equiv 3,$$

$$5^3 = 25 \cdot 5 \equiv 3 \cdot 5 = 15,$$

$$18^3 \equiv (-4)^3 = -64 \equiv 2$$

となるから，もとの文字列は heiwa である。

■ **理論紹介** 相異なる素数 p, q の積 $n = pq$ と，$ed \equiv 1 \pmod{(p-1)(q-1)}$ を満たす整数 e, d を用いて，**RSA 暗号系**と呼ばれる暗号系が，次の方法で実現できる。

(i) n, e の値を送信者と受信者の間で共有する (**公開鍵の公開**)。

(ii) 送信者は，整数 a (n と互いに素，$1 < a < n$) の値を伝えたいとき，a^e を n で割った余り b の値を受信者に送る (**暗号文の送信**)。

(iii) 受信者は，秘密にしておいた d の値を用いて，b^d を n で割った余りを計算して，送信者がもともと伝えたかった整数 a の値を求める (**復号**)。

RSA 暗号系という名前は，発明者である R・リベスト，A・シャミア，L・エーデルマンの苗字の頭文字をつなげて名付けられたものである。

復号には**オイラーの定理** $a^{\varphi(n)} \equiv 1 \pmod{n}$ を利用している。$\varphi(n)$ は $1, \cdots, n$ のうち n と互いに素な整数の個数を表す。$n = pq$ のとき $\varphi(n) = (p-1)(q-1)$ であるから，$ed = 1 + \varphi(n)k$ (k：整数) とおくと

$$(a^e)^d = a^{ed} = a^{1+\varphi(n)k} = a(a^k)^{\varphi(n)} \equiv a \cdot 1 = a \pmod{n}$$

となるので，確かに復号ができる。

なお，クイズの暗号は $n = 2 \cdot 11 = 22$，$e = 7$，$d = 3$ として，11, 5, 3, 15, 2 を 7 乗して 22 で割った余りをとることで作った。

RSA 暗号系は，「安全に暗号化の方法を知らせるにはどのようにすればよいか」という**暗号化鍵配送問題**を解決した暗号系であり，受信者が，d の値 (**秘密鍵**と呼ぶ) を秘密にして，n, e の値 (**公開鍵**と呼ぶ) を公開するだけで複数の送信者に安全に暗号化の方法を知らせられるという利点をもつ。このような暗号系を**公開鍵暗号系**と呼ぶ。RSA 暗号系は，電子メールやインターネット通信，カード情報の処理など，さまざまな場面で利用されている。なお，RSA 暗号系は巨大な整数の素因数分解の難しさを通信の安全性の根拠にしているため，p, q には数百桁の素数が使われている。

余りをもとにした年齢当て

理論	可換環論	理論の難しさ	🎓🎓🎓🎓🎓 大学 3 年生以上
テーマ	中国式剰余定理	クイズの対象	🎓🎓🎓🎓🎓 高校 1〜2 年生

　ある人の年齢は，3 で割ると 2 余り，5 で割ると 3 余り，7 で割ると 2 余る。この人の年齢を，次の **A〜D** から選べ。

A　23 歳　　　　　**B**　38 歳　　　　　**C**　44 歳　　　　　**D**　58 歳

答え **A**

解説 5, 7で割り切れて3で割ると1余る数として70を,
7, 3で割り切れて5で割ると1余る数として21を,
3, 5で割り切れて7で割ると1余る数として15を,
それぞれとる。このとき,

$$70 \cdot 2 + 21 \cdot 3 + 15 \cdot 2 = 233$$

は, 3で割ると2余り, 5で割ると3余り, 7で割ると2余る。この条件を満たす整数 a
は, 3, 5, 7の最小公倍数である105おきに現れるから, $a = 233 + 105d$ (d：整数) と表
される。$d \geqq -1$ のときの a ($\geqq 128$) は年齢としては大きすぎるから, $d = -2$ として,
求める年齢は23歳である。

　本問は中国の算術書『孫子算経』の問題に味付けをしたものである。伝来後, 同様の
問題は, 和算書『塵劫記』で取り上げられ, **百五減算**として知られるようになった。

理論紹介 クイズでは3, 5, 7で割った余りをもとに (105の倍数の違いを除いて) 整数
を決定できたが, これらの割る数3, 5, 7は互いに素であれば何でも何個で
もよく, 次の**中国式剰余定理**が成り立つ。

　　$m_1, \cdots, m_n$ を互いに素な正の整数とする。与えられた整数 $r_1, \cdots, r_n$
　　($0 \leqq r_1 < m_1, \cdots, 0 \leqq r_n < m_n$) に対して, a を m_1 で割った余りが r_1,
　　$\cdots, a$ を m_n で割った余りが r_n であるような整数 a ($0 \leqq a < m_1 \cdots m_n$) が
　　ただ1つ存在する。

　この定理の証明は, 数学的帰納法を使うと, $n = 2$ の場合に帰着できる。$n = 2$ の場
合は, 次のように証明できる。ユークリッドの互除法により, ある整数 q_1, q_2 に対して
$m_1 q_1 + m_2 q_2 = 1$ となるから, $r_2 m_1 q_1 + r_1 m_2 q_2$ を $m_1 m_2$ で割った余りを a とおくと,

$$a \equiv r_1 m_2 q_2 = r_1 (1 - m_1 q_1) \equiv r_1 \pmod{m_1},$$
$$a \equiv r_2 m_1 q_1 = r_2 (1 - m_2 q_2) \equiv r_2 \pmod{m_2}$$

となり, a が条件を満たす整数になる。また, 整数 a' も条件を満たすとすると, $a - a'$
は m_1, m_2 で割り切れ, $m_1 m_2$ でも割り切れるから, $a = a'$ となる。

　この定理は可換環論 (➡ p.045) の定理として, 次のように一般化されている。

　　可換環 A のイデアル $I_1, \cdots, I_n$ に対して, $I_1 + \cdots + I_n = A$ であるとき,
　　$A/(I_1 \cap \cdots \cap I_n) \cong A/I_1 \times \cdots \times A/I_n$ が成り立つ。

　中国式剰余定理は, 代数学のさまざまな場面で利用され, 暗号理論でも重要な役割を
果たす。例えば, RSA暗号系 (➡ p.049) における復号は環 $\mathbb{Z}/pq\mathbb{Z}$ (p, q：素数, $p \neq q$)
の中で行われるが, これを2つの環 $\mathbb{Z}/p\mathbb{Z}, \mathbb{Z}/q\mathbb{Z}$ に分けて考えると計算量を大幅に軽
減することができる。

新入生にやさしい 展開の公式

理論	体論	理論の難しさ	大学 1〜2 年生
テーマ	有限体	クイズの対象	高校 1〜2 年生

集合 $\mathbb{F}_2 = \{\bar{0}, \bar{1}\}$ において，加法，乗法をそれぞれ

$$\bar{0} + \bar{0} = \bar{1} + \bar{1} = \bar{0}, \quad \bar{0} + \bar{1} = \bar{1} + \bar{0} = \bar{1},$$

$$\bar{0} \cdot \bar{0} = \bar{0} \cdot \bar{1} = \bar{1} \cdot \bar{0} = \bar{0}, \quad \bar{1} \cdot \bar{1} = \bar{1}$$

で定める．次の等式 ①，② を $\mathbb{F}_2$ の中で考えるとき，正しいものを，下の **A〜D** から選べ．

① $(\bar{a} + \bar{b})^2 = \bar{a}^2 + \bar{b}^2$ 　　　　② $(\bar{a} + \bar{b})^3 = \bar{a}^3 + \bar{b}^3$

A ① も ② も成り立つ　　　　**B** ① は成り立つが，② は成り立たない

C ① は成り立たないが，② は成り立つ　　**D** ① も ② も成り立たない

答え A

解説 ① も ② も，左辺と右辺に $(\bar{a},\bar{b}) = (\bar{0},\bar{0}),(\bar{0},\bar{1}),(\bar{1},\bar{0}),(\bar{1},\bar{1})$ を代入した結果が一致するから，成り立つことがわかる。

理論紹介 四則演算 (加法，減法，乗法，除法) が定義され，結合法則，交換法則，分配法則を満たす，2 個以上の要素からなる集合 K を**体**と呼ぶ。体 K は $0 + a = a + 0 = a$，$1 \cdot a = a \cdot 1 = a\,(a \in K)$ を満たす要素 $0, 1$ をもつが，これらをそれぞれ**加法**，**乗法に関する単位元**と呼ぶ。例えば，有理数全体の集合 $\mathbb{Q}$，実数全体の集合 $\mathbb{R}$，複素数全体の集合 $\mathbb{C}$ は，通常の四則演算に関して体をなす。これらをそれぞれ**有理数体**，**実数体**，**複素数体**と呼ぶ。

q 個 (有限個) の要素からなる体 K を q **元体** (**有限体**) と呼び，q を K の**位数**と呼ぶ。例えば，素数 p に対して，$\mathbb{F}_p = \{\bar{0},\bar{1},\cdots,\overline{p-1}\}$ は，加法，乗法

$$\bar{a} + \bar{b} = \overline{a+b}, \quad \bar{a} \cdot \bar{b} = \overline{a \cdot b} \quad (\bar{c}：c \text{ を } p \text{ で割った余り})$$

に関して体をなす。$\mathbb{F}_4 = \{\bar{0},\bar{1},\omega,\omega^2\}$ は $\mathbb{F}_2$ の加法，乗法と $\omega^2 + \omega + \bar{1} = \bar{0}$ で定まる加法，乗法に関して体をなす。有限体 K において 1 を加え続けて 0 になるまでの 1 の個数の最小値を K の**標数**と呼ぶ。K の位数は標数のべき乗であることが知られている。

体 K から体 L への写像 $f : K \to L$ が

$$f(a + b) = f(a) + f(b), \quad f(a \cdot b) = f(a) \cdot f(b), \quad f(1) = 1$$

を満たすとき，f を**準同型写像**と呼ぶ。特に，素数 p に対して，$f(a) = a^p$ で定まる写像 $f : \mathbb{F}_p \to \mathbb{F}_p$ は準同型写像である。このことは，しばしば「新入生の夢」と呼ばれる等式 $(\bar{a} + \bar{b})^p = \bar{a}^p + \bar{b}^p$ [注1] と指数法則 $(\bar{a} \cdot \bar{b})^p = \bar{a}^p \cdot \bar{b}^p$ からわかる。この準同型写像は**フロベニウス写像**と呼ばれ，有限体の理論において中心的な役割を果たす。

有限体は，整数論において自然に現れる。**フェルマーの小定理** $a^{p-1} \equiv 1 \pmod{p}$ (a：整数，$0 < a < p$) は，$\mathbb{F}_p$ において $\bar{a}^{p-1} = \bar{1}$ の成立を意味する。これは，

$$\bar{a}^p = (\bar{1} + \overline{a-1})^p = \bar{1}^p + (\overline{a-1})^p = \bar{1} + (\bar{1} + \overline{a-2})^p = \cdots = \bar{a}$$

と，フロベニウス写像が準同型写像であることを使って証明できる。

実線形空間の一般化として，任意の体 K に対して，**K を基礎体とする線形空間**が考えられる (定数倍は K の各要素に対して定義される)。有限体を基礎体とする線形空間の理論は，情報科学において欠かせないものとなっている。また，体 K を含む体 L を K の**拡大体**と呼ぶが，L は K を基礎体とする線形空間と考えることができ，その次元として L の K 上の**拡大次数**を定義することができる。

注1) $n = p$ のとき，二項定理の等式 $(a + b)^n = \sum_{i=0}^{n} {}_n\mathrm{C}_i a^i b^{n-i}$ の右辺の a^n，b^n 以外の項が p の倍数であることからわかる。なお，$n \neq p$ のとき $\mathbb{F}_p$ において $(\bar{a} + \bar{b})^n = \bar{a}^n + \bar{b}^n$ が成り立つとは限らない。

らせん状に並ぶ
正三角形の辺の長さの比

理論	体論	理論の難しさ	🎓🎓🎓🎓🎓	大学3年生以上
テーマ	3次方程式の解の公式	クイズの対象	🎓🎓🎓🎓🎓	高校1〜2年生

大学入試対策 ▶ 下図のように正三角形をらせん状に並べるとき，隣り合う正三角形の1辺の長さの比は3次方程式 $x^3 - x - 1 = 0$ の実数解に限りなく近づいていくことが知られている。その値を，次の **A〜D** から選べ。

A $\sqrt[3]{\dfrac{1}{2} + \dfrac{1}{6}\sqrt{\dfrac{23}{3}}}$

B $\sqrt[3]{\dfrac{1}{2} - \dfrac{1}{6}\sqrt{\dfrac{23}{3}}}$

C $\sqrt[3]{\dfrac{1}{2} + \dfrac{1}{6}\sqrt{\dfrac{23}{3}}} + \sqrt[3]{\dfrac{1}{2} - \dfrac{1}{6}\sqrt{\dfrac{23}{3}}}$

D $\sqrt[3]{\dfrac{1}{2} + \dfrac{1}{6}\sqrt{\dfrac{23}{3}}} - \sqrt[3]{\dfrac{1}{2} - \dfrac{1}{6}\sqrt{\dfrac{23}{3}}}$

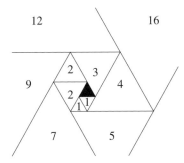

復習

・2次方程式 $ax^2 + bx + c = 0$ の解は

$$x = \frac{-b \pm \sqrt{b^2 - 4ac}}{2a}$$

である。

・2次方程式 $ax^2 + bx + c = 0$ の2解が $x = \alpha, \beta$ であるとき，

$$\alpha + \beta = -\frac{b}{a}, \quad \alpha\beta = \frac{c}{a}$$

が成り立つ（**解と係数の関係**）。

答え **C**

解説 $x = u + v$ のとき，$u^3 + v^3 - 1 = 3uv - 1 = 0$ $\cdots$① ならば，

$$x^3 - x - 1 = (u+v)^3 - (u+v) - 1 = (u^3 + v^3 - 1) + (3uv - 1)(u+v) = 0$$

が成り立つ。複素数 u, v ($|u| \geqq |v|$) が ① を満たすとする。このとき，$u^3 + v^3 = 1$，$u^3 v^3 = (uv)^3 = (1/3)^3 = 1/27$ となるので，2 次方程式の解と係数の関係により，u^3, v^3 を解にもつ 2 次方程式 $t^2 - t + 1/27 = 0$ が得られる。これを解いて 3 乗根をとると，ω を 1 の虚数立方根の 1 つとして，

$$u = \sqrt[3]{\frac{1}{2} + \frac{1}{6}\sqrt{\frac{23}{3}}}\,\omega^k, \quad v = \sqrt[3]{\frac{1}{2} - \frac{1}{6}\sqrt{\frac{23}{3}}}\,\omega^l \quad (k, l = 0, 1, 2)$$

となる。この u, v は $u^3 + v^3 - 1 = 0$ を満たす。簡単な計算により $3uv = \omega^{k+l}$ であることがわかるので，$3uv - 1 = 0$ となるのは $(k, l) = (0, 0), (1, 2), (2, 1)$ の場合に限る。よって，$x^3 - x - 1 = 0$ の解は

$$x = \sqrt[3]{\frac{1}{2} + \frac{1}{6}\sqrt{\frac{23}{3}}}\,\omega^m + \sqrt[3]{\frac{1}{2} - \frac{1}{6}\sqrt{\frac{23}{3}}}\,\omega^{3-m} \quad (m = 0, 1, 2)$$

であり，その実数解は $m = 0$ の場合の C である（**プラスチック数**と呼ばれる）。

理論紹介 2 次方程式の解の公式は古代バビロニアですでに知られていたが，3 次方程式，4 次方程式の解の公式は中世になってようやく発見された。

3 次方程式 $x^3 + lx^2 + mx + n = 0$ (l, m, n : 定数) は，$x = X - l/3$ を代入して整理すると，$X^3 + 3pX + 2q = 0$ (p, q : 定数) の形に変形できる。この方程式の解は，

$$X = \sqrt[3]{-q + \sqrt{q^2 + p^3}}\,\omega^m + \sqrt[3]{-q - \sqrt{q^2 + p^3}}\,\omega^{3-m} \quad (m = 0, 1, 2)$$

と表される (証明は上記と同様)。この解法はそれを世に広めた『アルス・マグナ』(1545 年) の著者にちなんで**カルダーノの解法**と呼ばれることが多いが，発見者は S・デル・フェッロ，N・フォンタナ (タルタリア) である。なお，解がすべて実数である 3 次方程式を根号を使って解く際にも，虚数が必要になることがある。

4 次方程式の解法は L・フェラーリによって発見された (**フェラーリの解法**，カルダーノ 1545 年発表)。4 次方程式 $x^4 + kx^3 + lx^2 + mx + n = 0$ (k, l, m, n : 定数) は，$x = X - k/4$ を代入して整理すると，$X^4 + 4pX^2 + 8qX + 4r = 0$ (p, q, r : 定数) の形に変形できる。$q = 0$ のとき，これは X^2 の 2 次方程式として解ける。$q \neq 0$ のとき，この解は，3 次方程式 $t^3 + 2pt^2 + (p^2 - r)t - q^2 = 0$ の任意の解 $t = \lambda (\neq 0)$ について，

$$X = \sqrt{\lambda} \pm \sqrt{-2p - \lambda - \frac{2q}{\sqrt{\lambda}}}, \quad -\sqrt{\lambda} \pm \sqrt{-2p - \lambda + \frac{2q}{\sqrt{\lambda}}}$$

になる。

Question
22

高次方程式の解の公式

理論	ガロア理論	理論の難しさ	🎓🎓🎓🎓🎓 大学 3 年生以上
テーマ	アーベル=ルフィニの定理	クイズの対象	🎓🎓🎓🎓 高校 3 年生(理)

　有理数を係数とする n 次方程式 $f(x) = 0$ について，次の命題 **A**〜**D** から正しいものを選べ。

A 　5 次以上のすべての方程式は加減乗除とべき根をとる操作の組合せで解くことができず，それは複素数の範囲でも解をもたない。

B 　5 次以上の方程式で加減乗除とべき根をとる操作の組合せで解くことができないものがあり，それは複素数の範囲でも解をもたない。

C 　5 次以上の方程式で加減乗除とべき根をとる操作の組合せで解くことができないものがあるが，それは複素数の範囲では解をもつ。

D 　すべての n 次方程式は，複素数の範囲で，加減乗除とべき根をとる操作の組合せで解くことができる。

答え C

解説 $x^6 - 1 = 0$ の解は，$\omega = (-1 + \sqrt{-3})/2$ とおくと，$x = \pm 1, \pm\omega, \pm\omega^2$ と表せるから，5次以上の方程式でも加減乗除とべき根をとる操作の組合せで解くことのできる（**べき根で解ける**という）ものがある。しかし，べき根で解けない5次以上の方程式の存在が証明されている（**アーベル＝ルフィニの定理**，後述）。

また，複素数を係数とするすべての方程式 $f(x) = 0$ は複素数の範囲で解をもつことが証明されている（**代数学の基本定理**，後述）。

理論紹介 多項式 $f(x)$ を用いて $f(x) = 0$ の形に表される方程式を**代数方程式**と呼ぶ。3次方程式と4次方程式の解の公式が発見され（➡ p.055），実数を係数とする代数方程式は複素数の範囲で解けると広く信じられるようになってから，5次方程式の解の公式を見つけようと多くの試みがなされた。C・F・ガウスは，複素数を係数とする n 次方程式が重複度を込めてちょうど n 個の複素数解をもつことを証明した（1799年）。その一方で，N・アーベルは，べき根で解けない5次以上の方程式の存在を証明した（P・ルフィニの証明を修正，1824年）。

さらに，E・ガロアは，代数方程式 $f(x) = 0$ がべき根で解けるための条件を特徴づける，次の画期的な定理を発見した（**ガロア理論**）。

$f(x) = 0$ **がべき根で解ける** $\iff$ $f(x) = 0$ **のガロア群が可解群である。**

ここで，方程式の**ガロア群**とは，解の置換全体が合成に関してなす群（➡ p.041）である。例えば，$x^2 - 2 = 0$ のガロア群は，$\{\sqrt{2}, -\sqrt{2}\}$ の入れ替え，つまり

$$\tau(\sqrt{2}) = -\sqrt{2}, \quad \tau(-\sqrt{2}) = \sqrt{2}$$

で定まる置換 τ で生成される，位数2の群 $\{\varepsilon, \tau\}$（ε：恒等置換）である。また，**可解群**とは，端的には，**正規部分群**と呼ばれる「よい」部分群の間で**剰余群**（剰余環と同様に定義される）を作ると，それらがすべて可換群になるような群である。

ガロア理論を使うと，べき根で解けない5次以上の方程式の存在は，ガロア群が5次対称群 S_5 と同型である5次以上の方程式の存在と（例えば $x^5 - 80x + 5 = 0$），S_5 が可解群でないことから証明される。

1829年頃ガロアはこの理論を発見し，数回にわたって論文を投稿したが，不運にも存命中にそれが掲載されることはなかった。1832年ガロアが決闘にたおれた後，弟が数学者たちへ送った遺稿がJ・リウヴィルの手元に渡り，1846年彼の編集する雑誌に掲載されて，ようやくガロア理論が広く知られるようになった。

ガロア理論をよりわかりやすく記述するために群と体の諸概念が定式化され，今日ではガロア理論は体論の一部となっている。また，ガロア理論は，微分方程式や幾何学の理論などにも応用され，現代数学で非常に重要な理論となっている。

定規とコンパスで
作図できる正多角形

理論	ガロア理論	理論の難しさ	🎓🎓🎓🎓🎓 大学 3 年生以上
テーマ	正多角形の作図	クイズの対象	🎓🎓🎓🎓🎓 中学 3 年生

正三角形から正二十角形までのうち，（目盛りのない）定規とコンパスだけで作図できる正多角形は何個あるか。次の **A**〜**D** から選べ。

A 10 個 **B** 11 個 **C** 12 個 **D** 13 個

答え **A**

解説 定規とコンパスだけで作図が可能なことを，単に**作図可能**であるという。正三角形，正方形，正五角形の作図はよく知られている通りである。角の 2 等分線は常に作図できるから，n が $2^3 = 8$，$2^4 = 16$，$2 \cdot 3 = 6$，$2^2 \cdot 3 = 12$，$2 \cdot 5 = 10$，$2^2 \cdot 5 = 20$ の場合にも正 n 角形が作図可能である。

　素数 p に対して，正 p 角形が作図可能であるためには，0 以上のある整数 e に対して $p = 2^{2^e} + 1$ であることが必要十分だと証明されているので（後述），$2^{2^2} + 1 = 17$ により正十七角形は作図可能であるが，正七角形，正十一角形，正十三角形，正十九角形は作図不可能である。また，正九角形，正十八角形も作図不可能である。

理論紹介 アレクサンドリアのユークリッドが著した『原論』には，正三角形，正五角形の作図法が記されている。それから約 2000 年もの間，誰も作図できる正素数角形を発見できなかった。C・F・ガウスは青年時代のある日，寝床から起き上がろうとした瞬間に，正十七角形の作図法を思いついた (1796 年)。

　$p = 2^n + 1$（n：正の整数）の形の素数を**フェルマー素数**と呼ぶ。この n は 2 のべき乗である。n が 1 より大きい奇数 d で割り切れるとして $q = n/d$ とおくと，

$$2^n + 1 = 2^{qd} + 1 = (2^q)^d + 1 = (2^q + 1)(2^{q(d-1)} - 2^{q(d-2)} + \cdots + 1)$$

となり，$2^n + 1$ は合成数となるからである。ガウスは，

正 p 角形が作図可能である $\iff$ p がフェルマー素数である

という定理を証明した (1801 年)。$2^{2^3} + 1 = 257$，$2^{2^4} + 1 = 65537$ はフェルマー素数である。しかし，$e \geqq 5$ の場合のフェルマー素数 $2^{2^e} + 1$ は見つかっていない。

　実数 a に対して，原点と点 $(1, 0)$ から点 $(a, 0)$ が作図可能であるとき，a は**作図可能**であるという。(a, b) が作図可能であるためには，a, b が作図可能であることが必要十分である。実数 a, b が作図可能ならば，$a + b, a - b, ab, a/b\ (b \neq 0)$ と $\sqrt{a}\ (a \geqq 0)$ も作図可能である。これらは，有理数と平方根をとる操作の組合せだけで作れる実数に他ならない（証明は省略）。このような実数を**ユークリッド数**と呼ぶ。

$$16 \cos \frac{2\pi}{17} = -1 + \sqrt{17} + \sqrt{34 - 2\sqrt{17}}$$
$$+ 2\sqrt{17 + 3\sqrt{17} - \sqrt{34 - 2\sqrt{17}} - 2\sqrt{34 + 2\sqrt{17}}}$$

であるから，三平方の定理により点 $(\cos(2\pi/17), \sin(2\pi/17))$ は作図可能であり，よって正十七角形は作図可能である。上で述べた定理は，体論（⇒ p.053），ガロア理論（⇒ p.057）を使って証明される。つまり，有理数体 $\mathbb{Q}$ の $\cos(2\pi/p)$ を含む最小の拡大体の拡大次数は $p - 1$ であり，ユークリッド数からなる $\mathbb{Q}$ の有限次拡大体の拡大次数は 2 のべき乗であることから証明される。

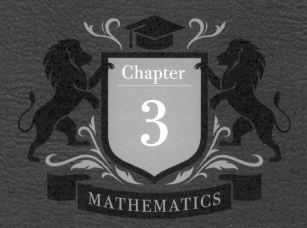

Chapter

3

MATHEMATICS

解析学編

正方形の面積にまつわる無限級数の和

Question 24 MATHEMATICS

理論	実解析	理論の難しさ	🎓🎓🎓	高校 3 年生(理)
テーマ	無限級数	クイズの対象	🎓🎓	高校 1〜2 年生

大学入試対策 ▶ 下の図を参考にして，

$$S = \left(\frac{1}{2}\right)^2 + \left(\frac{1}{2}\right)^4 + \left(\frac{1}{2}\right)^6 + \cdots + \left(\frac{1}{2}\right)^{2n} + \cdots$$

の値として正しいものを，次の **A〜D** から選べ。

A $\dfrac{1}{2}$ B $\dfrac{1}{3}$ C $\dfrac{2}{3}$ D $\dfrac{3}{4}$

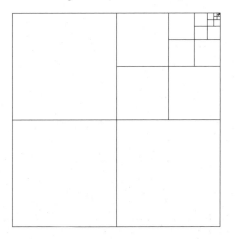

復習

- 数列 (a_n) の第 n 項までの和 $\sum_{i=1}^{n} a_i$ の極限 $\lim_{n \to \infty} \sum_{i=1}^{n} a_i$ を **無限級数** $\sum_{n=1}^{\infty} a_n$ の和と呼び，特に一般項が等比数列である無限級数を**無限等比級数**と呼ぶ。

- 第 1 項が a, 公比が r の無限等比級数の和は

$$\sum_{n=1}^{\infty} ar^{n-1} = \frac{a}{1-r}$$

である。

答え **B**

解説 1辺の長さが1の正方形は，各辺の中点を結んで4等分し，右上の正方形の各辺の中点を結んで4等分するという操作を繰り返すと，各正の整数 n に対して1辺の長さが $(1/2)^n$ の正方形を3個合わせた図形と考えることができる。よって，

$$1 = 3 \cdot \left(\frac{1}{2}\right)^2 + 3 \cdot \left(\frac{1}{2}\right)^{2\cdot2} + 3 \cdot \left(\frac{1}{2}\right)^{3\cdot2} + \cdots + 3 \cdot \left(\frac{1}{2}\right)^{n\cdot2} + \cdots = 3S$$

から，$S = 1/3$ である（「復習」の公式を使うと，$S = (1/4)/(1 - 1/4) = 1/3$ と求まる）。

理論紹介 クイズのように即座に和が求められる無限級数は少ない。まず，その収束・発散を判定することが重要である。各項が0以上の無限級数 $\sum_{n=1}^{\infty} a_n$（**正項級数**と呼ぶ）の収束の判定法としては，次のものがよく使われる。

• $\lim_{n\to\infty}(a_{n+1}/a_n) = l$ または $\lim_{n\to\infty} \sqrt[n]{a_n} = l$ のとき，

$$0 \leqq l < 1 \Longrightarrow \sum_{n=1}^{\infty} a_n \text{ は収束}, \quad l > 1 \Longrightarrow \sum_{n=1}^{\infty} a_n \text{ は発散}$$

が成り立つ（**ダランベールの判定法**，**コーシーの判定法**）。

• $f(n) = a_n$ を満たす $x \geqq 1$ で定義された単調減少な連続関数 $f(x)$ について，

$$\lim_{n\to\infty} \int_1^n f(x)dx \text{ は収束} \Longleftrightarrow \sum_{n=1}^{\infty} a_n \text{ は収束}$$

が成り立つ（**積分判定法**，定積分の極限➡p.079）。

例えば，

$$\frac{1}{(n+1)!} \div \frac{1}{n!} = \frac{1}{n+1} \to 0 \quad (n \to \infty)$$

であるから，ダランベールの判定法により，$\sum_{n=0}^{\infty}(1/n!)$ は収束する。この和は，ネイピア数に等しい（➡p.067）。

また，$s > 1$ のとき，

$$\sum_{k=1}^{n} \frac{1}{k^s} \leqq 1 + \int_1^n \frac{dx}{x^s} = 1 + \frac{n^{1-s} - 1}{1 - s} \to 1 + \frac{1}{s - 1} \quad (n \to \infty)$$

であるから，$\sum_{n=1}^{\infty} n^{-s}$ は収束する。関数 $\zeta(s) = \sum_{n=1}^{\infty} n^{-s}$ を**リーマン・ゼータ関数**と呼ぶ。この関数の定義域は，**解析接続**と呼ばれる方法で，複素数全体に拡張される。他に有名な無限級数として

$$\frac{\pi}{4} = \sum_{n=0}^{\infty} \frac{(-1)^n}{2n + 1}$$

（**マーダヴァ＝ライプニッツ級数**）などがある。

2つの整数が
互いに素である確率

理論	実解析	理論の難しさ	🎓🎓🎓🎓🎓 大学1〜2年生
テーマ	無限積	クイズの対象	🎓🎓🎓🎓🎓 高校1〜2年生

無作為に選ばれた2つの整数が互いに素である確率はいくらか。次の **A〜D** から選べ。

A 0.30296⋯　　**B** 0.41595⋯　　**C** 0.60792⋯　　**D** 0.83191⋯

答え **C**

解説 2つの整数 a, b が互いに素であることは，すべての素数 p に対して a, b の少なくとも一方が p の倍数でないことと同値である。素数 p の倍数は p 個おきにあるから1つの整数が p の倍数である確率は p^{-1} であり，よって，a も b も p と互いに素である確率は $1 - (p^{-1})^2 = 1 - p^{-2}$ である。したがって，a, b が互いに素である確率は，すべての素数 p にわたってこの確率を掛け合わせた

$$(1 - 2^{-2})(1 - 3^{-2}) \cdots (1 - p^{-2}) \cdots$$

で表される。これを途中まで計算してみると，C の値に近づいていくことがわかる。例えば，$p = 11$ まで計算してみると $0.62175\cdots$ となり，$p = 101$ まで計算してみると $0.60897\cdots$（表計算ソフトを利用）となる（C の値は $6/\pi^2$，後述）。

理論紹介 数列 (a_n) において $a_1, \cdots, a_n$ の積を $\prod_{i=1}^{n} a_i$ で表す。この極限 $\lim_{n\to\infty} \prod_{i=1}^{n} a_i$ を**無限積**と呼び，$\prod_{n=1}^{\infty} a_n$ で表す。

リーマン・ゼータ関数

$$\zeta(s) = 1^{-s} + 2^{-s} + 3^{-s} + \cdots$$

（→ p.063）から両辺に 2^{-s} を掛けた式を引くと

$$(1 - 2^{-s})\zeta(s) = 1^{-s} + 3^{-s} + 5^{-s} + \cdots$$

となる。以下，同様に続けると

$$\prod_p (1 - p^{-s}) \cdot \zeta(s) = 1 \quad \text{つまり} \quad \zeta(s) = \prod_p (1 - p^{-s})^{-1}$$

が得られる。ここで，積の記号はすべての素数にわたる積を意味する。これを $\zeta(s)$ の**オイラー積表示**と呼ぶ。この等式は $s = 1$ のときも形式的に成り立ち，$\zeta(1)$ は発散するから，素数が無限に存在することがわかる。また，この等式は素因数分解の一意性が成り立つことも示唆しており，整数論で重要な多くの情報が $\zeta(s)$ に詰まっている。

L・オイラーは，$\zeta(s)$ のオイラー積表示を使って「$\zeta(2)$ の値はいくつか」という**バーゼル問題**の解 $\zeta(2) = \pi^2/6$ を導き（1735 年頃，→ p.087），一般に

$$\zeta(2n) = (-1)^{n+1} \frac{B_{2n}(2\pi)^{2n}}{2(2n)!} \quad \left(\frac{x}{e^x - 1} = \sum_{n=0}^{\infty} \frac{B_n}{n!} x^n \right)$$

という等式を得た。

他に有名な無限積として

$$\pi = 2 \cdot \frac{2}{\sqrt{2}} \cdot \frac{2}{\sqrt{2 + \sqrt{2}}} \cdot \frac{2}{\sqrt{2 + \sqrt{2 + \sqrt{2}}}} \cdots$$

（**ヴィエトの公式**, 1593 年）などがある。

席替えで全員の席が入れ替わる確率

理論 実解析	**理論の難しさ** 🎓🎓🎓🎓🎓	大学 1〜2 年生
テーマ べき級数展開	**クイズの対象** 🎓🎓🎓🎓🎓	高校 1〜2 年生

大学入試対策 ▶ n 人の席替えで，全員の席が入れ替わる確率を p_n とおく。 n の値が大きくなるにつれて，p_n の値はどの値に近づいていくか。次の **A〜D** から選べ。

A 0   **B** $0.09196\cdots$ **C** $0.18393\cdots$ **D** $0.36787\cdots$

復習
- n 個のものを並べる順列の総数は
$$n! = n(n-1)(n-2)\cdots\cdots 3\cdot 2\cdot 1$$
である。
- 事象 A の起こる確率 $P(A)$ は，A の場合の数が $\#A$，全事象 U の場合の数が $\#U$ であるとき，
$$P(A) = \frac{\#A}{\#U}$$
である。

答え D

解説 n 人の席替えで全員の席が入れ替わる場合の数を a_n とおく (**モンモール数**と呼ぶ)。特定の人物 A, 残った $n-1$ 人の順に席替えをしても, 場合の数は変わらない。A の移動先にいる人物を B として, いったん A と B の席を入れ替える方法は $n-1$ 通りある。最後に A と B が入れ替わらない場合が a_{n-1} 通り, 最後に A と B が入れ替わる場合が a_{n-2} 通りあるから, $a_n = (n-1)(a_{n-1} + a_{n-2})$ が成り立つ。よって,

$$p_n = \frac{a_n}{n!} = \left(1 - \frac{1}{n}\right)p_{n-1} + \frac{1}{n}p_{n-2} \quad \text{したがって} \quad p_n - p_{n-1} = -\frac{1}{n}(p_{n-1} - p_{n-2})$$

が成り立つ。これと $p_1 = 0$, $p_2 = 1/2$ から,

$$p_n - p_{n-1} = (-1)^{n-2}\frac{1}{n(n-1)\cdots 3}(p_2 - p_1) = \frac{(-1)^n}{n!}$$

$$p_n = (p_n - p_{n-1}) + \cdots + (p_2 - p_1) + p_1 = \sum_{i=0}^{n}\frac{(-1)^i}{i!}$$

が得られる。これを $n = 7$ まで計算してみると, $p_7 = 103/280 = 0.367\cdots$ となる。

理論紹介 ネイピア数 $e = \lim_{h \to 0}(1+h)^{\frac{1}{h}}$ を底とする指数関数は

$$e^x = \sum_{n=0}^{\infty}\frac{x^n}{n!} \quad \cdots ①$$

と表されることが知られている。このように, 関数を**べき級数** $\sum_{n=0}^{\infty} a_n x^n$ の形に表すことを**べき級数展開**という。① に $x = 1, -1$ を代入すると, それぞれ $e = \sum_{n=0}^{\infty}(1/n!)$, $e^{-1} = \sum_{n=0}^{\infty}((-1)^n/n!)$ となり, e^{-1} はクイズの極限値になる。三角関数や対数関数も

$$\cos x = \sum_{n=0}^{\infty}\frac{(-1)^n}{(2n)!}x^{2n} \cdots ②, \qquad \sin x = \sum_{n=0}^{\infty}\frac{(-1)^n}{(2n+1)!}x^{2n+1} \cdots ③,$$

$$\arctan x = \sum_{n=0}^{\infty}\frac{(-1)^n}{2n+1}x^{2n+1} \cdots ④, \quad \log(1+x) = \sum_{n=1}^{\infty}\frac{(-1)^{n-1}}{n}x^n \ (-1 < x \le 1)$$

($\arctan x : \tan x \ (-\pi/2 < x < \pi/2)$ の逆関数) のようにべき級数展開できる。

$(\sin x)' = \cos x$ であり, ③ の右辺の各項を微分したものは ② に一致することから推察されるように, べき級数展開された関数の導関数は項別微分によって求められる。

べき級数展開は, 無理数の近似値の計算に応用できる。例えば, ④ と**マチンの公式 $4\arctan(1/5) - \arctan(1/239) = \pi/4$** のような等式を合わせると, π の近似値を高速で求められる。また, べき級数展開から得られる不等式も非常に有用で, 例えば① から得られる不等式 $e^x > 1 + x$ を使うと, **相加・相乗平均の不等式 $(x_1 + \cdots + x_n)/n \geqq \sqrt[n]{x_1 \cdots x_n}$** を比較的容易に証明できる。

交互に符号が変わる無限級数の和

理論 実解析	**理論の難しさ** 🎓🎓🎓🎓🎓	高校 3 年生(理)
テーマ 区分求積法	**クイズの対象** 🎓🎓🎓🎓🎓	高校 1〜2 年生

大学入試対策 ▶ 無限級数

$$S = \sum_{n=1}^{\infty} \frac{(-1)^{n-1}}{n}$$

と，その項の順序を並べ替えて得られる無限級数

$$T = \sum_{n=1}^{\infty} \left(\frac{1}{2n-1} - \frac{1}{4n-2} - \frac{1}{4n} \right)$$

の和は，それぞれいくらか。次の **A〜D** から選べ。

A $S = T = e^2$

B $S = e^2,\ T = e^{\sqrt{2}}$

C $S = T = \log 2$

D $S = \log 2,\ T = \frac{1}{2}\log 2$

復習 区間 $[a, b]$ で連続な関数 $f(x)$ に対して，

$$\int_a^b f(x)dx = \lim_{n \to \infty} \frac{b-a}{n} \sum_{i=0}^{n-1} f\left(a+i \cdot \frac{b-a}{n}\right) = \lim_{n \to \infty} \frac{b-a}{n} \sum_{i=1}^{n} f\left(a+i \cdot \frac{b-a}{n}\right)$$

が成り立つ (**区分求積法**)。

■ 答え **D**

■ 解説 第 $2n$ 項までの部分和は

$$\sum_{i=1}^{2n} \frac{(-1)^{i-1}}{i} = \sum_{i=1}^{n} \frac{1}{2i-1} - \sum_{i=1}^{n} \frac{1}{2i} + 2\sum_{i=1}^{n} \frac{1}{2i} - 2\sum_{i=1}^{n} \frac{1}{2i}$$

$$= \sum_{i=1}^{n} \frac{1}{2i-1} + \sum_{i=1}^{n} \frac{1}{2i} - \sum_{i=1}^{n} \frac{1}{i} = \sum_{i=1}^{2n} \frac{1}{i} - \sum_{i=1}^{n} \frac{1}{i} = \sum_{i=1}^{n} \frac{1}{n+i}$$

であるから，

$$S = \lim_{n\to\infty} \sum_{i=1}^{n} \frac{(-1)^{i-1}}{i} = \lim_{n\to\infty} \sum_{i=1}^{2n} \frac{(-1)^{i-1}}{i} = \lim_{n\to\infty} \sum_{i=1}^{n} \frac{1}{n+i}$$

$$= \lim_{n\to\infty} \frac{1}{n} \sum_{i=1}^{n} \frac{1}{1+\frac{i}{n}} = \int_0^1 \frac{dx}{1+x} = \left[\log(1+x)\right]_0^1 = \log 2$$

である。よって，

$$T = \sum_{n=1}^{\infty} \left(\frac{1}{4n-2} - \frac{1}{4n} \right) = \frac{1}{2} \sum_{n=1}^{\infty} \left(\frac{1}{2n-1} - \frac{1}{2n} \right) = \frac{1}{2} \sum_{n=1}^{\infty} \frac{(-1)^{n-1}}{n} = \frac{1}{2} \log 2$$

が得られる。

■ 理論紹介 面積は，古くから，多角形の面積の和の極限として求められてきた（**取り尽くし法**，⇒右図）。
シラクサのアルキメデスは，この方法を用いて，面積に関する多くの公式を発見した。例えば，円の面積を求めたり，放物線とその弦で囲まれた図形の面積はその弦を底辺として高さが最大になる内接三角形の面積の 4/3 倍であることを示した。

I・ニュートンと G・ライプニッツは独立に，連続関数 $f(x)$ と $F'(x) = f(x)$ を満たす微分可能な関数 $F(x)$（$f(x)$ の**原始関数**と呼ぶ）について

$$\int_a^b f(x)dx = F(b) - F(a)$$

が成り立つという意味で微分と積分が逆の演算であることを発見して（**微分積分学の基本定理**），それまで別個に考えられてきた微分法と積分法の理論を 1 つにまとめ，解析学に大きな発展をもたらした。

B・リーマンは，区分求積法の考え方をさらに精密化して，初めて定積分の厳密な定義を与えた（**リーマン積分**）。

正項級数（⇒ p.063）に対して，$\sum_{n=1}^{\infty} (-1)^n a_n$ $(a_n \geqq 0)$ の形の無限級数を**交代級数**と呼ぶ。正項級数では項の順序を並べ替えても和の値は変わらない。しかし，クイズの答えが示すように，交代級数の項の順序を並べ替えると，和の値が変わることがある。

棒の通過範囲の面積の比

理論 実解析	**理論の難しさ** 🎓🎓🎓🎓🎓 高校 3 年生(理)
テーマ 面積	**クイズの対象** 🎓🎓🎓🎓🎓 高校 1〜2 年生

大学入試対策 ▶ 鉛直な壁に鉛直に立て掛けられた棒が，上端が壁に常に接しながら倒れるときの棒の通過範囲を A，下端を支点として倒れるときの棒の通過範囲を B とする。A の面積は B の面積の何倍か。正しいものを，次の **A〜D** から選べ。

A 0.125 倍 　　**B** 0.25 倍 　　**C** 0.375 倍 　　**D** 0.5 倍

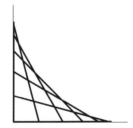

復習

・曲線 $y = f(x)$ と x 軸，直線 $x = a$, $x = b$ で囲まれた図形の面積 S は

$$S = \int_a^b |f(x)|dx$$

である。

・$x = g(t)$ が $\alpha \leqq t \leqq \beta$ において単調増加または単調減少であるとき，

$$\int_{g(\alpha)}^{g(\beta)} f(x)dx = \int_\alpha^\beta f(g(t))g'(t)dt$$

が成り立つ (**置換積分法**)。

答え　**C**

解説　棒の代わりに，xy 平面上で上端が点 $(0,1)$，下端が原点の位置にある長さ1の線分を $x \geqq 0$，$y \geqq 0$ の範囲で動かす。

　このとき，A は，この線分が，端点が座標軸に接しながら上端が原点，下端が点 $(1,0)$ の位置まで移動するときの線分の通過範囲であり，星形の曲線 $x = \cos^3\theta$，$y = \sin^3\theta$（**アステロイド**と呼ばれる）の $0 \leqq \theta \leqq \pi/2$ の部分と座標軸で囲まれた図形である（➡右図, p.090）。よって，A の面積は

$$\int_0^1 y\,dx = \int_{\frac{\pi}{2}}^0 y\frac{dx}{d\theta}d\theta = \int_{\frac{\pi}{2}}^0 \sin^3\theta \cdot 3\cos^2\theta(-\sin\theta)d\theta$$

$$= 3\int_0^{\frac{\pi}{2}} \sin^4\theta(1-\sin^2\theta)d\theta = 3\left(\int_0^{\frac{\pi}{2}} \sin^4\theta\,d\theta - \int_0^{\frac{\pi}{2}} \sin^6\theta\,d\theta\right)$$

$$= 3\left(\frac{3}{4}\cdot\frac{1}{2}\cdot\frac{\pi}{2} - \frac{5}{6}\cdot\frac{3}{4}\cdot\frac{1}{2}\cdot\frac{\pi}{2}\right) = \frac{3}{32}\pi$$

である。ここで，**ウォリスの積分公式**

$$\int_0^{\frac{\pi}{2}} \sin^n\theta\,d\theta = \begin{cases} \dfrac{(n-1)!!}{n!!} \cdot \dfrac{\pi}{2} & (n \equiv 0 \ (\mathrm{mod}\ 2)), \\[2mm] \dfrac{(n-1)!!}{n!!} & (n \equiv 1 \ (\mathrm{mod}\ 2)) \end{cases}$$

の n が偶数の場合を使った。$n!!$ は，$0!! = 1!! = 1$，$(n+2)!! = (n+2)\cdot n!!$ で定義される **2重階乗**である。

　また，B は，上記の線分が，下端が原点にある状態を保ったまま上端が点 $(1,0)$ の位置まで移動するときの線分の通過範囲であり，半径1の円を4分割したものである。よって，B の面積は $\pi/4$ である。

　ゆえに，A の面積は B の面積の $(3\pi/32) \div (\pi/4) = 3/8 = 0.375$ 倍である。

理論紹介　連続関数 $f(x)$ のグラフと x 軸で囲まれた図形の面積は，「復習」で挙げた公式を使って求められる。一般に，2つの連続関数のグラフ $y = f(x)$，$y = g(x)$ と直線 $x = a$，$x = b\ (a < b)$ で囲まれた図形の面積 S は，

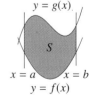

$$S = \int_a^b |g(x) - f(x)|dx$$

という公式を使って求められる（➡右図）。

　多くの平面領域の面積は，**2重積分**という2変数関数の積分を使って求められる。

球とトーラスの体積の比

理論 実解析	**理論の難しさ** 🎓🎓🎓🎓🎓 高校 3 年生(理)
テーマ 体積	**クイズの対象** 🎓🎓🎓🎓🎓 高校 1〜2 年生

大学入試対策 ▶ 同じ大きさの円を1回転してできる球と**トーラス**(ドーナツ型の立体)について，球がトーラスの穴にすっぽり入るとき，トーラスの体積は球の体積の何倍か。正しいものを，次の **A〜D** から選べ。

A π 倍 **B** 2π 倍 **C** 3π 倍 **D** 4π 倍

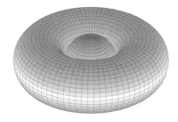

復習
• 連続関数 $f(x)$ について，曲線 $y = f(x)$ と直線 $x = a$, $x = b$ で囲まれた平面図形を x 軸の周りに1回転させてできる立体の体積 V は

$$V = \pi \int_a^b f(x)^2 dx$$

である。

• 連続関数 $f(x), g(x)$ に対して，

$$\int_a^b f(x)dx + \int_a^b g(x)dx = \int_a^b (f(x) + g(x))dx$$

が成り立つ。

• 連続関数 $f(x)$ が $f(-x) = f(x)$ を満たすとき，

$$\int_{-a}^a f(x)dx = 2\int_0^a f(x)dx$$

が成り立つ。

答え C

解説　球 $B : x^2 + y^2 + z^2 \leq r^2$ の体積は，$4\pi r^3/3$ である。
また，円 $x^2 + (y - R)^2 \leq r^2$ $(0 < r < R)$ を x 軸の周り
に 1 回転させてできるトーラス T の体積 V は，円周の半分
$y = R \pm \sqrt{r^2 - x^2}$ と x 軸，直線 $x = -r$，$x = r$ で囲まれた図形を
x 軸の周りに 1 回転させてできる立体の体積を $V_\pm$（複号同順）
とおくと，

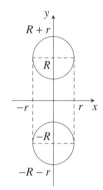

$$V = V_+ - V_-$$
$$= \pi \int_{-r}^{r} (R + \sqrt{r^2 - x^2})^2 dx - \pi \int_{-r}^{r} (R - \sqrt{r^2 - x^2})^2 dx$$
$$= 4\pi R \int_{-r}^{r} \sqrt{r^2 - x^2} dx = 8\pi R \int_{0}^{r} \sqrt{r^2 - x^2} dx$$
$$= 8\pi R \cdot \frac{\pi r^2}{4} = 2\pi^2 R r^2$$

となる。$R = 2r$ とすると，球 B が穴にすっぽり入るトーラスの体積 $4\pi^2 r^3$ が求まる。
このトーラスの体積は球 B の体積の 3π 倍である。

理論紹介　シラクサのアルキメデスは，取り尽くし法（➡ p.069）と呼ばれる方法を用い
て，球の体積，円柱の体積の公式を導き，球の体積が外接する円柱の体積の
2/3 であることを示した。

　アレクサンドリアのパップスと中世の数学者 P・ギュルダンは，直線 l の周りで l
と同一平面上にあり l を通らない図形 F を 1 回転させてできる立体の体積 V につい
て，F の面積を S，F の重心と l の距離を R とおくとき，

$$V = 2\pi RS$$

が成り立つことを示した（**パップス=ギュルダンの定理**）。これを使うと，上記のトー
ラス T の体積は，$V = 2\pi R \cdot \pi r^2 = 2\pi^2 R r^2$ と求められる。

　J・ケプラーは，ワイン樽に入ったワインの残量と液面の高さの関係を調べ，ワイン
樽を無限に薄い円の集まりとみなすことでその体積を計算した。B・カヴァリエリは，
ケプラーの研究をヒントに，

　平行な平面で切ったときの切り口の面積が常に等しい 2 つの立体の体積は等しい
という定理を発見した（**カヴァリエリの原理**，1635 年）。E・トリチェリは，カヴァ
リエリの考え方を発展させて，回転体の体積を求める公式を発見した。その後，積分
論の発展に伴い，積分を使って体積を求める方法が確立されていった。多くの立体の
体積は，**3 重積分**という 3 変数関数の積分を使って求められる。面積や体積の理論は，
ルベーグ積分論または**測度論**と呼ばれるより精密な積分の理論に発展している。

平面や空間を完全に埋め尽くす曲線

理論	実解析	理論の難しさ	🎓🎓🎓🎓🎓 大学1〜2年生
テーマ	空間充填曲線	クイズの対象	🎓🎓🎓🎓🎓 高校1〜2年生

次の①, ②の真偽について正しいものを, 下の **A〜D** から選べ。

① 正方形を完全に埋め尽くす曲線が存在する。

② 立方体を完全に埋め尽くす曲線が存在する。

A ①も②も正しい

B ①は正しいが, ②は正しくない

C ①は正しくないが, ②は正しい

D ①も②も正しくない

■答え　A

■解説　① について：**ヒルベルト曲線**と呼ばれる正方形を埋め尽くす曲線が，帰納的に構成できる (➡ 下図)。

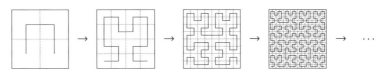

② について：① と同様に，立方体を埋め尽くす曲線が構成できる。

■理論紹介　ある区間から n 次元ユークリッド空間 $\mathbb{R}^n$ への連続写像の値域を**連続曲線**または単に**曲線**と呼ぶ。例えば，単位円周は $f(t) = (\cos 2\pi t, \sin 2\pi t)$ で定まる $[0, 1]$ から $\mathbb{R}^2$ への連続関数の値域として定まる。

　G・ペアノは，平面の一部を完全に埋め尽くす連続曲線を発見した。一般に，平面 (空間) の全部または一部を埋め尽くす曲線を**平面充填曲線** (**空間充填曲線**) と呼ぶ。上記の例とは異なるが，次のように平面充填曲線を構成する方法もある。

- 直角不等辺三角形 T_0 の直角の頂点から対辺に垂線を下ろすと，T_0 はそれと相似な 2 つの直角三角形に分けられるので，その小さい方に $T_{0.0}$，大きい方に $T_{0.1}$ と名前を付ける。
- $T_{0.a}$ $(a = 0, 1)$ について同様の操作を行い，新たにできた直角三角形の小さい方に $T_{0.a0}$，大きい方に $T_{0.a1}$ と名前を付ける。以下，この操作を無限に繰り返す (➡ 下図)。

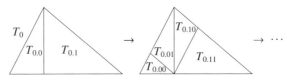

　ここで，二進小数 $t = 0.abc\cdots$ $(0 \leqq t \leqq 1)$ は直角三角形の列 $T_0, T_{0.a}, T_{0.ab}, T_{0.abc}, \cdots$ に対応し，この直角三角形の列は T_0 上の 1 点 $(x(t), y(t))$ からなる集合に近づいていく。$x(t), y(t)$ は連続関数であることが証明できる。よって，t を点 $(x(t), y(t))$ に対応させることにより，$[0, 1]$ から T_0 への全射連続写像ができるから，T_0 を埋め尽くす連続曲線ができる。

　なお，この他に奇妙な曲線として，K・ヴァイエルシュトラスらによって，いたるところ微分可能でない (滑らかでない) 連続曲線が発見されている。このような「病的な例」は，数学を発展させる大きな原動力となっている。

鎖を垂らしたときにできる曲線

Question 31 MATHEMATICS

理論 実解析	**理論の難しさ** 🎓🎓🎓 🎓	高校 3 年生(理)
テーマ 曲線の長さ	**クイズの対象** 🎓🎓 🎓🎓🎓	高校 1〜2 年生

大学入試対策 ▶ 鎖の両端を持って垂らしたときにできる曲線はどのような形をしているか。次の **A〜D** から選べ。

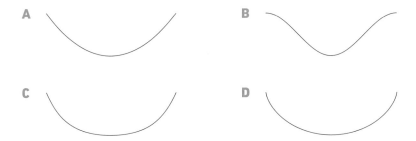

A

B

C

D

復習
- 関数 $f(t), g(t)$ が微分可能であるとき，曲線 $x = f(t)$，$y = g(t)$ の $a \leqq t \leqq b$ の部分の長さ L は

$$L = \int_a^b \sqrt{f'(t)^2 + g'(t)^2}\,dt$$

である。

- 微分可能な関数 $f(x)$ のグラフ $y = f(x)$ の $a \leqq x \leqq b$ の部分の長さ L は

$$L = \int_a^b \sqrt{1 + f'(x)^2}\,dx$$

である。

答え　C

解説　鎖を垂らしたときにできる曲線は，**懸垂線**または**カテナリー**と呼ばれ，

$$y = \frac{e^{ax} + e^{-ax}}{2a} - \frac{1}{a} \quad (a > 0)$$

の形の方程式で表される。多少物理学の知識が必要になるが，これを示す。鎖を垂らしたときの最下点を原点として，鎖がなす平面の水平方向に x 軸，鉛直方向に y 軸をとる。鎖がなす曲線を $C : y = f(x)$ とする。原点における水平方向の張力を T_0 とおき，C 上の点 P(x, y) において接線方向に張力 T が働いているとする。鎖の単位長当たりの質量を m，重力加速度を g とおく。鎖の原点から点 P までの部分に働く重力は，C の原点から点 P までの長さ s に比例するから，mgs である。x 軸と点 P における接線がなす鋭角を θ とおく。$T_0 = T \cos\theta$, $mgs = T \sin\theta$ であるので，辺々を割ると

$$as = \tan\theta$$

が得られる。ただし，$a = mg/T_0$ とおいた。また，

$$s = \int_0^x \sqrt{1 + f'(t)^2}dt, \quad f'(x) = \tan\theta$$

から $ds/dx = \sqrt{1 + f'(x)^2} = \sqrt{1 + \tan^2\theta} = 1/\cos\theta$, $dx/ds = \cos\theta$ であるので，

$$a = \frac{1}{\cos^2\theta} \cdot \frac{d\theta}{dx} \cdot \frac{dx}{ds} = \frac{1}{\cos\theta} \cdot \frac{d\theta}{dx}$$

となる。両辺の x を t に，θ を φ に置き換えて 0 から x まで積分すると，

$$ax = \int_0^x \frac{1}{\cos\varphi} \frac{d\varphi}{dt}dt = \int_0^\theta \frac{d\varphi}{\cos\varphi} = \log\frac{1 + \sin\theta}{\cos\theta}$$

となる。よって，

$$e^{ax} = \frac{1 + \sin\theta}{\cos\theta} = \frac{1}{\cos\theta} + \tan\theta \cdots ①, \quad e^{-ax} = \frac{\cos\theta}{1 + \sin\theta} = \frac{1}{\cos\theta} - \tan\theta \cdots ②$$

であるので，（① - ②）÷ 2 から，$f'(x) = \tan\theta = (e^{ax} - e^{-ax})/2$ が成り立つ。両辺の x を t に置き換えて 0 から x まで積分すると，$f(0) = 0$ から，

$$f(x) = \int_0^x \frac{e^{at} - e^{-at}}{2}dt = \frac{e^{ax} + e^{-ax}}{2a} - \frac{1}{a}$$

となり，グラフは C のようになる（A は放物線，B は正弦曲線，D はサイクロイド）。

理論紹介　C を曲線，つまり閉区間 $[a, b]$ から n 次元ユークリッド空間 $\mathbb{R}^n$ への連続写像 $f(t)$ の値域とする。$[a, b]$ を $a = t_0 < t_1 < \cdots < t_{n-1} < t_n = b$ と分け，P$_i = f(t_i)$ としたときの折れ線の長さ P$_0$P$_1 + \cdots + P_{n-1}P_n$ の**上限**（どの折れ線の長さよりも大きい実数の最小値）を C の**弧長**と呼ぶ。これは「復習」で挙げた公式で求められる。

1/2 の階乗の値

| 理論 | 実解析 | 理論の難しさ 🎓🎓🎓🎓🎓 | 大学 1〜2 年生 |
| 테마 | 広義積分 | クイズの対象 🎓🎓🎓🎓🎓 | 高校 3 年生(理) |

1/2 の階乗 (1/2)! の値として最も適当なものを，次の **A〜D** から選べ。

A $\dfrac{1}{2}$ **B** $\dfrac{\pi}{2}$ **C** $\dfrac{\sqrt{\pi}}{2}$ **D** $\sqrt{\pi}$

■ 答え **C**

■ 解説 $p > 0$ のとき，部分積分法により

$$\int_0^1 x^p(1-x)^p dx = \frac{p}{p+1}\int_0^1 x^{p+1}(1-x)^{p-1}dx = \cdots$$

$$= \frac{p}{p+1}\cdot\cdots\cdot\frac{1}{p+p}\int_0^1 x^{2p}dx = \frac{p}{p+1}\cdot\cdots\cdot\frac{1}{p+p}\cdot\frac{1}{2p+1} = \frac{(p!)^2}{(2p+1)!}$$

であるので，$p = 1/2$ とすると

$$\left(\frac{1}{2}!\right)^2 \div 2! = \int_0^1 \sqrt{x(1-x)}dx = \frac{\pi}{8}$$

から $(1/2)! = \sqrt{\pi}/2$ が得られる。

■ 理論
紹介

$$\int_a^\infty f(x)dx = \lim_{b\to\infty}\int_a^b f(x)dx, \quad \int_{-\infty}^b f(x)dx = \lim_{a\to-\infty}\int_a^b f(x)dx$$

のように，定積分の極限として定義される積分を**広義積分**と呼ぶ。

ガンマ関数

$$\Gamma(x) = \int_0^\infty t^{x-1}e^{-t}dt \quad (x > 0)$$

は，広義積分で定義される関数で，正の整数 n に対して $\Gamma(n) = (n-1)!$ が成り立つので階乗を一般化した関数である。クイズで求めたのは，$\Gamma(3/2) = (1/2)!$ の値である。

ベータ関数

$$B(x,y) = \int_0^1 t^{x-1}(1-t)^{y-1}dt \quad (x, y > 0)$$

も広義積分を使って定義される重要な関数である。ガンマ関数との間には，

$$B(x,y) = \frac{\Gamma(x)\Gamma(y)}{\Gamma(x+y)}$$

という関係式が成り立つ。ここで $x = y = 1/2$ とすると，**ガウス積分**

$$I = \int_{-\infty}^\infty e^{-x^2}dx = 2\int_0^\infty e^{-x^2}dx = 2\int_0^\infty e^{-t}\cdot\frac{1}{2}t^{-\frac{1}{2}}dt = \Gamma\left(\frac{1}{2}\right)$$

の値が，

$$I^2 = \Gamma\left(\frac{1}{2}\right)\Gamma\left(\frac{1}{2}\right) = B\left(\frac{1}{2},\frac{1}{2}\right)\Gamma(1) = B\left(\frac{1}{2},\frac{1}{2}\right)$$

$$= \int_0^1 \frac{dt}{\sqrt{t(1-t)}} = \int_0^{\frac{\pi}{2}} \frac{2\sin\theta\cos\theta d\theta}{\sin\theta\sqrt{1-\sin^2\theta}} = 2\int_0^{\frac{\pi}{2}} d\theta = \pi$$

から，$I = \sqrt{\pi}$ と求まる。これらの関数は複素関数に拡張され，多くの応用をもつ。

長さ1の線分を1回転させられる最小の凸図形

理論	測度論	理論の難しさ	🎓🎓🎓🎓🎓 大学 3 年生以上
テーマ	掛谷の問題	クイズの対象	🎓🎓🎓🎓🎓 中学 3 年生

長さ1の線分を1回転させられる凸図形の面積の最小値として正しいものを，次の **A** 〜**D** から選べ。ただし，有界な図形 X（➡ p.019）において，任意の 2 点を結ぶ線分が X に含まれるとき，X は**凸**であるという。

A 0.78539⋯　　**B** 0.70477⋯　　**C** 0.57735⋯　　**D** 0.39269⋯

■ 答え　C

■ 解説　長さ1の線分は，直径1の円，幅が1の**ルーローの三角形** (半径1，中心角60°の扇形3つを合わせてできる**定幅図形**)，高さ1の正三角形の上で1回転させられて (➡ 下図)，その面積はそれぞれ $\pi \cdot (1/2)^2 = \pi/4 = 0.78539\cdots$，

$$3 \cdot \frac{\pi}{6} - 2 \cdot \frac{1}{2} \cdot 1^2 \cdot \frac{\sqrt{3}}{2} = \frac{\pi - \sqrt{3}}{2} = 0.70477\cdots,$$

$(1/2) \cdot (2/\sqrt{3}) \cdot 1 = 1/\sqrt{3} = 0.57735\cdots$ になる。長さ1の線分を1回転させられる面積が最小の凸図形は正三角形であることが証明されている (後述)。

■ 理論紹介　掛谷宗一は「長さ1の線分を1回転させられる面積が最小の凸図形は何か」という問題を考えた (1916年)。掛谷は，幅1のルーローの三角形が解であると考えていた。しかし，同僚の窪田忠彦と藤原松三郎は，より面積の小さい，高さ1の正三角形上で長さ1の線分を1回転させられると指摘した。その後，J・パールは，

高さ1の正三角形が

長さ1の線分を1回転させられる面積が最小の凸図形である

という定理を証明した (1921年)。

　窪田は，凸という条件を外せば，**デルトイド** (➡ 右図) のようなさらに面積の小さい図形の上で長さ1の線分を1回転させられることを発見した。単連結な図形 (➡ p.029) に対しては，長さ1の線分を1回転させられる図形の面積は $\pi/108$ の近くまで小さくできることがわかっている。A・ベシコヴィッチは，

任意の正の数 ε に対して，面積が ε より小さい平面図形で，

長さ1の線分を1回転させられるものが存在する

という定理を証明した (1928年)。

　n 次元ユークリッド空間の有界閉集合 (➡ p.019, 027) で，あらゆる方向の長さ1の線分を含み，面積が0である集合を**掛谷集合**と呼ぶ。R・デーヴィスは，

平面上の掛谷集合のハウスドルフ次元は2である

(ハウスドルフ次元の定義は省略) という定理を証明した (1971年)。n 次元ユークリッド空間についても掛谷集合のハウスドルフ次元は n であると予想されているが，未解決である。この予想は実解析で最も有名な予想の1つであり，他の多くの未解決問題と関連していることが明らかになっている。

パンケーキと サンドイッチの切り分け

理論	測度論	理論の難しさ	大学 3 年生以上
テーマ	ストーン＝テューキーの定理	クイズの対象	高校 3 年生(理)

　皿に重なりなく載せられた限りなく薄い 2 枚のパンケーキを，それぞれ半分になるように切り分ける。

　また，パン 2 枚の間にハム 1 枚，チーズ 1 枚を挟んで作ったサンドイッチ 1 つを，パン，ハム，チーズの量がそれぞれ半分になるように切り分ける。

　これらを行うには，最大で何回ナイフを入れる必要があるか。正しいものを，次の **A〜D** から選べ。ただし，パン，ハム，チーズは均等な厚みをもつとは限らず，ハム，チーズは中央に挟まれているとは限らないとする。

A　パンケーキもサンドイッチも 1 回

B　パンケーキは 1 回，サンドイッチは 2 回

C　パンケーキもサンドイッチも 2 回

D　パンケーキは 2 回，サンドイッチは 3 回

答え **A**

解説 パンケーキについては，1回で十分であること（**パンケーキの定理**）が，次のように証明できる。パンケーキを D_1, D_2 とする。原点を通り，x 軸の正の方向と θ の角をなす直線を l_θ とおく（➡下図）。l_θ に垂直で D_i を 2 等分する直線と原点の符号付き距離を $f_i(\theta)$ とおき（$i = 1, 2$）[注1]，関数 $f(\theta)$（$0 \leqq \theta \leqq \pi$）を

$$f(\theta) = f_1(\theta) - f_2(\theta)$$

で定める。$f_1(\theta), f_2(\theta)$ は連続であるから（証明は省略），$f(\theta)$ は連続である。さらに，$f(\pi) = -f(0)$ であるから，中間値の定理により $f(\theta) = 0$ を満たす θ が存在する。この θ について $f_1(\theta) = f_2(\theta)$ となるから，D_1, D_2 を 2 等分する直線が存在する。

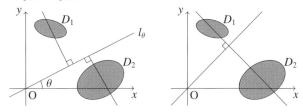

サンドイッチについても，1回で十分であることが証明されている（後述）。

理論紹介 S・バナッハにより，クイズのサンドイッチを，各素材の量が半分になるように切り分けるには，1回ナイフを入れれば十分であることが証明されている（**ハム・サンドイッチの定理**）。なお，この定理において，パン2枚は非連結な1つの立体（➡p.029）として考えており，ハムやチーズが複数にちぎれていても1回ナイフを入れれば各具材の量が半分になるように切り分けられる。

一般に，A・ストーンと J・テューキーにより，

n 次元ユークリッド空間 $\mathbb{R}^n$ の中にある n 個の可測な物体に対して，

それぞれの量を1度に2等分できる超平面が存在する

という定理が証明されている（**ストーン=テューキーの定理**，1942 年）。ここで，**可測な物体**とは，面積が定まる平面図形，体積が定まる空間図形などのことで，**超平面**とは，平面における直線，空間における平面などのことである。

ハム・サンドイッチの定理は，中間値の定理と，

$\mathbb{R}^{n+1}$ 内の単位球面 S^n から $\mathbb{R}^n$ への連続写像 f に対して，

$f(-\mathrm{P}) = f(\mathrm{P})$ を満たす S^n 上の点 P が存在する

という**ボルサック=ウラムの定理**を使って証明される。

注1）点 (x_0, y_0) と直線 $ax + by + c = 0$（$b \geqq 0$）の**符号付き距離**は $(ax_0 + by_0 + c)/\sqrt{a^2 + b^2}$ で定まる。

世にも美しい
オイラーの公式

理論	複素解析	理論の難しさ	🎓🎓🎓🎓🎓 大学 1〜2 年生
テーマ	オイラーの公式	クイズの対象	🎓🎓🎓🎓🎓 高校 3 年生(理)

　オイラーは，3 つの重要な定数，円周率 π, ネイピア数 e, 虚数単位 $\sqrt{-1}$ を結び付ける等式を発見した (**オイラーの公式**)。その等式として正しいものを，次の **A〜D** から選べ。

A　$e^{\pi\sqrt{-1}} = 1$

B　$e^{\pi\sqrt{-1}} = \sqrt{-1}$

C　$e^{\pi\sqrt{-1}} = -1$

D　$e^{\pi\sqrt{-1}} = -\sqrt{-1}$

答え C

解説 指数関数 e^x は，複素数の範囲で

$$e^{x+y\sqrt{-1}} = e^x(\cos y + \sqrt{-1}\sin y) \ (x, y : \text{実数})$$

という関数に拡張される。特に，$e^{\pi\sqrt{-1}} = \cos\pi + \sqrt{-1}\sin\pi = -1$ である。

理論紹介 複素数の範囲で定義される複素数値関数を**複素関数**と呼ぶ。$z_1 = x_1 + y_1\sqrt{-1}$，$z_2 = x_2 + y_2\sqrt{-1}$ $(x_1, y_1, x_2, y_2 : \text{実数})$ のとき，三角関数の加法定理により

$$e^{z_1}e^{z_2} = e^{x_1}(\cos y_1 + \sqrt{-1}\sin y_1)e^{x_2}(\cos y_2 + \sqrt{-1}\sin y_2)$$
$$= e^{x_1+x_2}((\cos y_1 \cos y_2 - \sin y_1 \sin y_2) + \sqrt{-1}(\sin y_1 \cos y_2 + \cos y_1 \sin y_2))$$
$$= e^{x_1+x_2}(\cos(y_1 + y_2) + \sqrt{-1}\sin(y_1 + y_2)) = e^{z_1+z_2}$$

が成り立つから，指数法則は複素数の範囲でも成り立つ。また，$\cos x, \sin x$ は，指数関数を使って，複素関数

$$\cos z = \frac{e^{z\sqrt{-1}} + e^{-z\sqrt{-1}}}{2}, \quad \sin z = \frac{e^{z\sqrt{-1}} - e^{-z\sqrt{-1}}}{2\sqrt{-1}}$$

に拡張される。$e^z, \cos z, \sin z$ はべき級数展開

$$e^z = \sum_{n=0}^{\infty} \frac{z^n}{n!}, \quad \cos z = \sum_{n=0}^{\infty} \frac{(-1)^n}{(2n)!}z^{2n}, \quad \sin z = \sum_{n=0}^{\infty} \frac{(-1)^n}{(2n+1)!}z^{2n+1}$$

によっても定義でき，これから

$$e^{x+y\sqrt{-1}} = e^x e^{y\sqrt{-1}} = e^x \sum_{n=0}^{\infty} \frac{(y\sqrt{-1})^n}{n!} = e^x\left(\sum_{n=0}^{\infty} \frac{(-1)^n}{(2n)!}y^{2n} + \sqrt{-1}\sum_{n=0}^{\infty}\frac{(-1)^n}{(2n+1)!}y^{2n+1}\right)$$
$$= e^x(\cos y + \sqrt{-1}\sin y)$$

と定義するのが妥当であることがわかる。

実数値関数の微分積分法は，複素関数の理論 (**複素解析**) に拡張されている。例えば，複素関数 $f(z)$ とその定義域に含まれる点 a について，極限

$$\lim_{z \to a} \frac{f(z) - f(a)}{z - a}$$

が収束するとき，$f(z)$ は $z = a$ で**微分可能**であるという。これは，$f(z)$ が $z = a$ の十分近くで $f(z) = \sum_{n=0}^{\infty} c_n(z - a)^n$ とべき級数展開されることと同値であることが知られている。定義域全体で微分可能な複素関数を**正則関数**と呼ぶ。J・リウヴィルによって，

複素数平面全体で定義された正則関数は，ある定数よりすべての値の

絶対値が小さい (有界であるという) ならば，定数関数に一致する

という定理が証明されている。これにより代数学の基本定理 (➡ p.057) を証明できる。

複素解析では，**線積分**の概念も重要であり，その公式から多くの定理が導かれる。

085

Question
36
MATHEMATICS

重ね合わされた 波の分解

理論	フーリエ解析	**理論の難しさ** 🎓🎓🎓🎓🎓	大学 1〜2 年生
テーマ	フーリエ展開	**クイズの対象** 🎓🎓🎓🎓🎓	高校 1〜2 年生

下の図1〜3の波のうち，いくつかを重ね合わせると図4の波になる。重ね合わせた波の組合せとして正しいものを，次の A〜D から選べ。

A 図1と2の波 **B** 図1と3の波

C 図2と3の波 **D** 図1と2と3の波

図1

図2

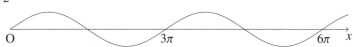

図3

図4

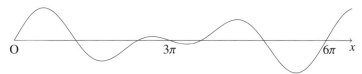

答え A

解説　図1~3の波はそれぞれ方程式

$$y = \sin x, \quad y = \sin \frac{2x}{3}, \quad y = \sin \frac{x}{2}$$

で表され, その周期はそれぞれ $2\pi, 3\pi, 4\pi$ である。また, 図4の波の周期は 6π で, $f(x) = \sin x + \sin(2x/3)$ は $f(3\pi) = 0$ を満たすから, 図4の波は図1と2の波の合成

$$y = \sin x + \sin \frac{2x}{3}$$

であると考えられる ($f(x)$ の周期は $2\pi, 3\pi$ の最小公倍数の 6π)。

理論紹介　微分可能で導関数が連続である, 周期 2π の周期関数 $f(x)$ は

$$f(x) = \frac{a_0}{2} + \sum_{n=1}^{\infty} (a_n \cos nx + b_n \sin nx),$$

$$\left(a_n = \frac{1}{\pi} \int_{-\pi}^{\pi} f(t) \cos nt\, dt, \quad b_n = \frac{1}{\pi} \int_{-\pi}^{\pi} f(t) \sin nt\, dt \right)$$

と表せることが知られている。このような形の級数を**フーリエ級数**と呼び, 関数をフーリエ級数の形に表すことを**フーリエ展開**と呼ぶ。J・フーリエは金属板中の熱伝導に関する研究の中で, 熱伝導方程式という微分方程式 (➡p.089) を解くためにフーリエ級数を導入したが, その理論はさまざまな分野で応用できることがわかり, **フーリエ解析**という解析学の一大分野が築かれている。フーリエ解析において,

$$\int_{-\pi}^{\pi} \cos mx \cos nx\, dx = \int_{-\pi}^{\pi} \cos mx \sin nx\, dx = \int_{-\pi}^{\pi} \sin mx \sin nx\, dx = 0$$

(m, n : 異なる整数) という公式が重要な役割を果たす。

　非周期関数のフーリエ展開も有用で, 例えば $f(x) = x^2/4 \ (-\pi \le x \le \pi)$ のフーリエ展開

$$\frac{x^2}{4} = \frac{\pi^2}{12} + \sum_{n=1}^{\infty} \frac{(-1)^n}{n^2} \cos nx$$

に $x = \pi$ を代入すると

$$\frac{\pi^2}{4} = \frac{\pi^2}{12} + \sum_{n=1}^{\infty} \frac{1}{n^2} \quad \text{つまり} \quad \zeta(2) = \sum_{n=1}^{\infty} \frac{1}{n^2} = \frac{\pi^2}{6}$$

となる (バーゼル問題 ➡p.065)。これは $f(x) = x \ (-\pi \le x \le \pi)$ に**パーセヴァルの等式**

$$\int_{-\pi}^{\pi} f(x)^2\, dx = \frac{\pi a_0^2}{2} + \pi \sum_{n=1}^{\infty} (a_n^2 + b_n^2)$$

を適用することでも得られる。

　また, 複素関数に関するフーリエ解析の理論も重要であり, 広く応用されている。

細菌は1日で何倍に増えるか

理論	微分方程式論	理論の難しさ	大学1〜2年生
테마			
テーマ	微分方程式(1)	クイズの対象	高校1〜2年生

　理想的な環境のもとで，ある細菌は20分ごとに分裂して個体数が2倍に増加する。この細菌は，24時間後には何倍に増殖するか。正しいものを，次のA〜Dから選べ。

A　約5000倍

B　約5000×100万倍

C　約5000×100万×100万倍

D　約5000×100万×100万×100万倍

答え **D**

解説 細菌は 20 分ごとに 2 倍に，1 時間ごとに 2^3 倍に増殖するから，24 時間では $2^{24 \cdot 3} = 2^{72}$ 倍に増殖する。 $2^{10} = 1024 > 10^3$ であるから，

$$2^{72} > 2^{70} = (2^{10})^7 > (10^3)^7 = 10^{21} = 1000 \times 100 \,万 \times 100\,万 \times 100\,万$$

であるから，D が正解だとわかる。ちなみに， $2^{72} \fallingdotseq 4.7 \times 10^{21}$ である。

理論紹介 20 分を単位時間と考えると，クイズの細菌の個体数 y は，時間 x の関数として $y = 2^x$ と表される。この関数で， y の値は x の値が大きくなるにつれて爆発的に増加する。 $y' = 2^x \log 2$ であるから， $a = \log 2$ とおくと， y は

$$y' = ay$$

という方程式を満たす。このように，導関数を含み，関数を解とする方程式を**微分方程式**と呼ぶ。経済学者マルサスも「人口は指数関数的に増加する」という考えのもとで人口論を論じた。この理論のもとでは，人口 y の時間変化は上記のような単純な微分方程式で記述できる。しかし，この人口増加モデルには，限られた資源環境の中で人口が飽和状態に近づいていくことを説明できないという難点があった。そこで P・F・フェルフルストにより考案されたのが，**ロジスティック方程式**

$$y' = ay\left(1 - \frac{y}{b}\right) \quad \cdots ①$$

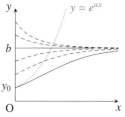

である (1838 年) 。① において，項 $-ay^2/b$ は人口の増加を抑制する役割を果たす。 $x \to \infty$ のとき $y \to b$ となることから，定数 b は**環境許容量**と呼ばれる (➡ 右図) 。

　ロジスティック方程式は，次のように解ける。

$$① \iff \frac{dy}{dx} = a \cdot \frac{y(b-y)}{b} \iff \frac{b}{y(b-y)} \cdot \frac{dy}{dx} = a \iff \left(\frac{1}{y} + \frac{1}{b-y}\right)\frac{dy}{dx} = a$$

と変形できるから，両辺を x で積分すると

$$① \iff \int\left(\frac{1}{y} + \frac{1}{b-y}\right)\frac{dy}{dx}dx = \int a\,dx \iff \int\left(\frac{1}{y} + \frac{1}{b-y}\right)dy = \int a\,dx$$

$$\iff \log\left|\frac{y}{b-y}\right| = ax + C \iff \frac{y}{b-y} = \pm e^{ax+C} \iff y = \frac{bce^{ax}}{1 + ce^{ax}}$$

となる。ここで， C は積分定数であり， $c = \pm e^C$ とおいた。また， $x = 0$ のとき $y = y_0$ であるから， $c = y_0/(b - y_0)$ である。これを代入して整理すると，

$$y = \frac{by_0 e^{ax}}{b - y_0 + y_0 e^{ax}}$$

が得られる。このような微分方程式の解法を**変数分離法**と呼ぶ。

　微分方程式は，自然・社会現象の解析など，科学全般で重要な応用をもつ。

棒の通過範囲の境界を表す方程式

理論 微分方程式論	**理論の難しさ** 🎓🎓🎓🎓🎓	大学1〜2年生
テーマ 微分方程式(2)	**クイズの対象** 🎓🎓🎓🎓🎓	高校3年生(理)

大学入試対策 ▶ クイズ 28 の棒の通過範囲の境界について,直線部分を除いた曲線を表す方程式として正しいものを,次の **A〜D** から選べ。ただし,棒の長さを 1 として,$0 \leqq x \leqq 1$, $0 \leqq y \leqq 1$ とする。

A $x^{\frac{1}{2}} + y^{\frac{1}{2}} = 1$ **B** $x^{\frac{2}{3}} + y^{\frac{2}{3}} = 1$

C $x^{\frac{3}{4}} + y^{\frac{3}{4}} = 1$ **D** $x^{\frac{4}{5}} + y^{\frac{4}{5}} = 1$

復習
- 開区間 I で微分可能な関数 $f(x)$ について,$f'(x) \geqq 0 \ (x \in I)$ のとき $f(x)$ は I において単調増加,$f'(x) \leqq 0 \ (x \in I)$ のとき $f(x)$ は I において単調減少である。
- 微分可能な関数 $f(x)$ について,$f'(x)$ の符号が $x = a$ の前後で正から負 (負から正) に変化するとき $f(x)$ は $x = a$ で**極大値** (**極小値**) をとるという。

答え **B**

解説 点 (x, y) $(0 < x < 1, 0 < y < 1)$ が x 軸と y 軸の両方に接する長さ 1 の線分の通過範囲にあることは，

$$y = \sin\theta - x\tan\theta \text{ を満たす } \theta \left(0 < \theta < \frac{\pi}{2}\right) \text{ の存在} \quad \cdots ①$$

と同値である。

$$\frac{dy}{d\theta} = \cos\theta - \frac{x}{\cos^2\theta} = \frac{\cos^3\theta - x}{\cos^2\theta}$$

から，$dy/d\theta = 0$ つまり $\cos^3\theta = x$ を満たす $\theta\,(0 < \theta < \pi/2)$ の値を α とおくと，$dy/d\theta \geqq 0 \iff \theta \leqq \alpha$ となるので，y は $\theta = \alpha$ のときに限って極大かつ最大の値

$$\sin\alpha - x\tan\alpha = (1-\cos^2\alpha)^{\frac{1}{2}}\left(1 - \frac{x}{\cos\alpha}\right) = (1 - x^{\frac{2}{3}})^{\frac{1}{2}}\left(1 - \frac{x}{x^{\frac{1}{3}}}\right) = (1 - x^{\frac{2}{3}})^{\frac{3}{2}} = \sin^3\alpha$$

をとる。よって，① は，$y \leqq (1 - x^{\frac{2}{3}})^{\frac{3}{2}}$ つまり $x^{\frac{2}{3}} + y^{\frac{2}{3}} \leqq 1$ と同値である。ゆえに，線分の通過範囲の境界は $x^{\frac{2}{3}} + y^{\frac{2}{3}} = 1$ $(x = \cos^3\theta, y = \sin^3\theta)$ である。

理論紹介 方程式の形に応じてさまざまな微分方程式 (➡ p.089) の解法が知られているが，ここでは幾何学的に興味深い**クレロー型の微分方程式**

$$y = xy' + f(y')$$

の解法と解の性質を紹介する。例えば，上記のクイズにおいて，$y = \sin\theta - x\tan\theta$ も $y = (1 - x^{\frac{2}{3}})^{\frac{3}{2}}$ もクレロー型の微分方程式 $y = xy' - y'/\sqrt{1+y'^2}$ の解になっている。

クレロー型の微分方程式は，次のようにして解ける。両辺を x で微分すると，

$$y' = y' + xy'' + f'(y')y'' \quad \text{つまり} \quad (x + f'(y'))y'' = 0$$

となるから，$y'' = 0$ または $x + f'(y') = 0$ である。$y'' = 0$ からは，$a = y'$ とおくと，無限に多くの解 $y = ax + f(a)$ (**一般解**と呼ぶ) が得られる。$x + f'(y') = 0$ からは，

$$x = -f'(y'), \quad y = -f'(y')y' + f(y')$$

の解としてただ 1 つの解 (**特異解**と呼ぶ) が得られる。$xy' + f(y') = ax + f(a)$ はただ 1 つの解をもつから，特異解の表す曲線は一般解が表す直線に接している。このように，与えられた無限個の曲線と接線を共有する曲線を，それらの曲線の**包絡線**と呼ぶ。

なお，1 変数関数の微分方程式だけでなく，多変数関数の微分方程式である**偏微分方程式**も重要であり，科学の諸分野に多くの応用をもつ。例えば，**反応拡散方程式**と呼ばれる偏微分方程式を使うと，さまざまな化学反応のシミュレーションを行うことができ，特に生物の体の模様を再現することもできる。

ひもで囲える
最大の領域

理論	変分法	理論の難しさ	🎓🎓🎓🎓🎓 大学 3 年生以上
テーマ	等周定理	クイズの対象	🎓🎓🎓🎓🎓 中学 3 年生

　フェニキアの都市国家ティルスの王女であったディードーは，国を追われて現在のチュニジアにたどり着いた。彼女は，その地の王から 1 頭の牛の皮で覆えるだけの土地を与えると約束された。そこで，彼女は牛の皮を細かく切って作ったひもで土地を囲い，海岸近くに砦を築くだけの土地を得た。その地が後のカルタゴになったという伝説がある。海岸線は真っすぐであり，ディードーが面積が最大となるように土地を囲んだとすると，それはどのような形であったか。次の **A～D** から選べ。

A	正三角形	B	正方形	C	円	D	半円

ひもで囲える最大の領域

答え D

解説 周の長さが一定の図形のうち, 面積が最大の図形は円であることが知られて
いる (後述)。このことから, 線対称な図形を対称軸に関して 2 等分して得
られる図形のうち, 面積が最大の図形は半円であることがわかる。よって, 海岸線が
直線であるとき, ひもで海岸沿いに半円形の土地を囲うと, 面積が最大の土地が得ら
れる (円形の土地を囲うより 2 倍の面積の土地が得られる, ➡ 下図)。

**理論
紹介** 周の長さが一定の n 角形のうち面積が最大の n 角形は正 n 角形であることが
知られている。一般に, 周の長さが一定の図形のうち面積が最大の図形を求
める問題を**等周問題**と呼ぶ。ユークリッド平面 $\mathbb{R}^2$ において, 閉曲線を境界とする有
界な領域 X (➡ p.019, 029) に対して, X の面積を S, 境界の長さを L とすると,

$$4\pi S \leqq L^2$$

となり, 等号が成り立つのは X が円であるときに限る。この定理は, 古代ギリシャの
時代から知られていたが, 厳密な証明が与えられたのは近代になってのことである。

なお, この高次元化として, 3 次元ユークリッド空間 $\mathbb{R}^3$ において, 閉曲面を境界と
する有界な領域 X に対して, X の表面積を S, 体積を V とすると

$$36\pi V^2 \leqq S^3$$

となり, 等号が成り立つのは X が球であるときに限ることが証明されている。

等周問題は, 対称性に着目すると,

$$f(x) \geqq 0, \quad f(a) = f(b) = 0, \quad \int_a^b \sqrt{1 + f'(x)^2}dx = L$$

という条件のもとで, 曲線 $y = f(x)$ $(a \leqq x \leqq b)$ と x 軸で囲まれた図形の面積

$$S = \int_a^b f(x)dx$$

の最大値を求める問題に帰着される。このように, 関数の集合を定義域とする実数値
関数を**汎関数**と呼び, その最大値や最小値を求める問題を**変分問題**という。このよう
な問題を解くために, L・オイラーや J・L・ラグランジュらによって, 既存の微分積
分法の理論を参考に, **変分法**と呼ばれる手法が確立された。多くの変分問題は, **オイ
ラー =ラグランジュ方程式**と呼ばれる連立偏微分方程式 (➡ p.091) を解く問題に帰着
される。懸垂線 (➡ p.077) の方程式も, 変分法を利用して求められる。

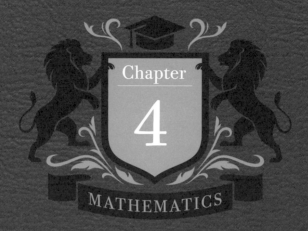

Chapter

4

MATHEMATICS

確率論編

針が線に当たるように落ちる確率

Question 40 MATHEMATICS

理論	確率論	理論の難しさ	🎓 🎓 🎓 🎓 🎓 大学 3 年生以上
テーマ	幾何学的確率	クイズの対象	🎓 🎓 🎓 🎓 🎓 高校 3 年生(理)

　等間隔に多くの平行線が引かれた平面上に，その間隔の半分の長さの針を無作為に落とすとき，針が線に当たるように落ちる確率はいくらか。次の **A**〜**D** から選べ。

A　0.15915⋯　　**B**　0.25　　　**C**　0.31830⋯　　**D**　0.5

答え C

解説 平行線の間隔を d, 針の長さを $l\,(d \geqq l)$ とおき, 落ちた 針の中心から最も近い平行線までの距離を r, 針と平行 線のなす小さい方の角を θ とおく (→ 右図)。 r, θ の値の範囲は

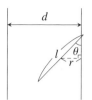

$$0 \leqq r \leqq \frac{d}{2}, \quad 0 \leqq \theta \leqq \frac{\pi}{2} \quad \cdots ①$$

である。このうち, 針が線に当たるように落ちるのは

$$r \leqq \frac{l}{2}\sin\theta \quad \cdots ②$$

の場合に限るから, $r\theta$ 平面上の ① で定まる長方形の面積に対して, ① かつ ② で定まる領域の面積の比をとると, 針が線と当たるように落ちる確率は

$$\int_0^{\frac{\pi}{2}} \frac{l}{2}\sin\theta d\theta \div \left(\frac{\pi}{2}\cdot\frac{d}{2}\right) = \frac{2l}{\pi d}$$

となる (**ビュフォンの針**)。 $l = d/2$ のとき, この確率は $1/\pi = 0.31830\cdots$ になる (これをもとに実験や乱数の利用によって π の近似値が求められる)。

理論 紹介 初期の確率論は, P・S・ラプラスらによって, 場合の数の比率をもとに理論化された。しかし, クイズのように, 場合の数が有限でない事象の確率を求めることも往々にして必要になる。このような確率はしばしば, 面積を求めるなどの幾何学的な手法を使って求められるため, **幾何学的確率** と呼ばれる。

幾何学的確率を考える際には, 事象の扱いに注意が必要である。J・ベルトランは, 「正三角形に外接する円において, 弦を1本無作為に引くとき, 弦が正三角形の辺よりも長くなる確率 p はいくらか」という問題に対し, 解釈によって,

・円の任意の半径の上にある任意の1点を通って半径に垂直な弦を引くとき, $p = 1/2$
・円周上の任意の2点を結んで弦を引くとき, $p = 1/3$
・円の内部の任意の点を中点とする弦を引くとき, $p = 1/4$

という異なる答えが得られることを示した (**ベルトランの逆説**)。

この逆説が起こる原因は「無作為に弦を選ぶ」方法が明確に示されていないことにある。確率を考える際には本質的に, 標本の集合, 事象の集合, 事象に確率の値を対応させる関数の3つの情報からなる **確率空間** を定めることが必要である。つまり, 確率空間を定めるために十分な情報が与えられていないと, 確率について厳密な議論はできない。事象に確率の値を対応させる関数は **確率測度** と呼ばれ, ルベーグ積分論 (→ p.073) を使って定式化されている。これによって, 場合の数が無限の場合にも, さまざまな事象の確率が考えられるようになっている。

設定が極端な
ゲームの賞金の期待値

理論	確率論	理論の難しさ	🎓🎓🎓🎓🎓 大学 3 年生以上
テーマ	サンクトペテルブルクの逆説	クイズの対象	🎓🎓🎓🎓🎓 高校 1〜2 年生

あるゲームでは，表と裏が出る確率がともに 1/2 であるコインを表が出るまで繰り返し投げて n 回目に表が出たとき，2^{n-1} 円の賞金が得られる。得られる賞金の期待値をもとに考えるとき，参加費が何円までなら参加して得をすると言えるか。最も適当な評価を，次の **A**〜**D** から選べ。

A　4 円まで

B　16 円まで

C　256 円まで

D　何円でも参加して得をする

■ 答え **D**

■ 解説 期待値をもとにして考えるとき，参加費が期待値より低ければ，参加して得をすると言える。このゲームを高々 n 回行い，賞金が得られ次第ゲームをやめるとき，得られる賞金の期待値 E_n は

$$E_n = \sum_{i=1}^{n} 2^{i-1} \frac{1}{2^i} = \sum_{i=1}^{n} \frac{1}{2} = \frac{n}{2}$$

である。$n \to \infty$ のとき $E_n \to \infty$ であるから，参加費が何円でも参加して得をすると言える。

■ 理論紹介 極めて小さい確率で極めて大きい値をとる確率変数では，期待値が ∞ に発散することがある。クイズのゲームでも，期待値は ∞ に発散する。しかし，2^n 円以上の賞金が得られる確率は

$$1 - \left(\frac{1}{2} + \cdots + \frac{1}{2^n} \right) = 1 - \frac{1}{2} \left(1 - \frac{1}{2^n} \right) \div \left(1 - \frac{1}{2} \right) = \frac{1}{2^n}$$

しかないから，期待値が発散することは大した賞金は得られそうにないという直観に反する。この事例は，サンクトペテルブルクに住んでいた D・ベルヌーイによって発表されたため，**サンクトペテルブルクの逆説**と呼ばれる。

ベルヌーイは，所持金が大きくなるほど賞金 1 円当たりの「満足度」の増加は緩やかになり，その「満足度」は対数関数を使って求められるという仮説を立てて，この問題を説明した。つまり，賞金の期待値ではなく，ゲーム参加前の所持金 a，参加費 b に応じて定まるゲーム参加後の所持金の自然対数 (**効用**と呼ぶ) の期待値

$$c = \sum_{n=1}^{\infty} \frac{1}{2^n} \log(a - b + 2^{n-1})$$

と方程式

$$\sum_{n=1}^{\infty} \frac{1}{2^n} \log(a - b + 2^{n-1}) = \log a$$

の解 $b = b_0$ について，$a < b_0$ であるときに限って，ゲームに参加するべきだと考えた。例えば，ゲーム参加前の所持金が 2 円以下のときはそれを全部使ってでも，ゲーム参加前の所持金が 400 万円のときは約 12 円までの参加費を支払っても，ゲーム参加によって効用は増えるため，ゲームに参加するべきだと言える。

J・フォン・ノイマンと O・モルゲンシュテルンは，効用の理論を発展させて，ゲーム理論を体系化した (1944 年)。効用は，現代経済学において基本的な概念となっており，主観的な満足度を表す指標としてよく用いられている。

サンクトペテルブルクの逆説

ランダムに動くとき 出発点に戻る確率

Question 42
MATHEMATICS

理論	確率論	理論の難しさ	🎓🎓🎓🎓🎓 大学3年生以上
テーマ	確率過程	クイズの対象	🎓🎓🎓🎓🎓 高校3年生(理)

ランダムに動くとき出発点に戻る確率

大学入試対策 ▶ 数直線上の動点 P は，原点 O を出発して，1秒ごとにコインを投げて表が出るたびに正の方向に1だけ移動し，裏が出るたびに負の方向に1だけ移動する。この操作を無限に続けるとき，点 P が O に戻ってくる確率はいくらか。次の **A**〜**D** から選べ。

A 　0.13517⋯　　　**B** 　0.19320⋯　　　**C** 　0.34053⋯　　　**D** 　1

復習

• n 個のものから r 個のものを取る組合せの総数は

$$_n\mathrm{C}_r = \frac{n!}{r!(n-r)!}$$

である。

• 1回の試行で事象 A が起こる確率が p であるとき，n 回の試行で A がちょうど r 回起こる確率は

$$_n\mathrm{C}_r p^r (1-p)^{n-r}$$

である。

答え　**D**

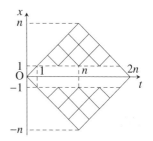

解説　奇数秒後に動点 P が原点 O に戻ることはない。そこで，$2n$ 秒後に P が O に初めて戻る場合の数を a_{2n}，確率を f_{2n} とおく。$\sum_{n=1}^{\infty} f_{2n}$ を求めればよい。対称性を考慮すると (→ 右図)，

$$a_{2n} = \frac{2 \cdot {}_{2n-2}C_{n-1}}{n}, \quad f_{2n} = \frac{a_{2n}}{2^{2n}} = \frac{{}_{2n-2}C_{n-1}}{n2^{2n-1}}$$

である。また，$2n$ 秒後に P が O にある確率を p_{2n} とおき，$p_0 = 1$ と定めると，

$$p_{2n} = {}_{2n}C_n \left(\frac{1}{2}\right)^n \left(\frac{1}{2}\right)^n = \frac{{}_{2n}C_n}{2^{2n}}, \quad \frac{f_{2n}}{p_{2n-2}} = \frac{{}_{2n-2}C_{n-1}}{n2^{2n-1}} \div \frac{{}_{2n-2}C_{n-1}}{2^{2n-2}} = \frac{1}{2n},$$

$$p_{2n-2} - p_{2n} = p_{2n-2}\left(1 - \frac{p_{2n}}{p_{2n-2}}\right) = p_{2n-2}\left(1 - \frac{2n-1}{2n}\right) = p_{2n-2} \cdot \frac{1}{2n} = f_{2n}$$

となるから，

$$\sum_{i=1}^{n} f_{2i} = \sum_{i=1}^{n} (p_{2i-2} - p_{2i}) = p_0 - p_{2n} = 1 - \frac{{}_{2n}C_n}{2^{2n}} > 1 - \frac{1}{\sqrt{\pi n}}$$

となる (不等式はウォリスの積分公式を使って示せる，→ p.071)。右辺は 1 に収束するから，左辺も 1 に収束し，$\sum_{n=1}^{\infty} f_{2n} = 1$ が成り立つ。

理論紹介　このクイズにおいて，動点 P の座標が x である確率は，時間によって変化する。このように，時間とともに変化する確率変数を**確率過程**と呼ぶ。

　確率過程の簡単な例として，**m 次元ランダム・ウォーク**がある。これは，確率変数が単位時間ごとに変化する確率過程であり，m 次元ベクトルを値にとり，まったく同じ確率分布をもつ，独立な確率変数の和 $S_n = X_1 + \cdots + X_n$ ($n \geqq 0$) として定まる。特に，m 次元空間において，単位時間ごとに動点 P が各座標軸の正の方向，負の方向に 1 だけ動く確率が $1/2m$ であるとして定まる確率過程を**単純ランダム・ウォーク**と呼ぶ。m 次元単純ランダム・ウォークで動点 P がいつか原点 O に戻ってくる確率は，$m = 1, 2$ のとき 1 であるが，$m \geqq 3$ のとき

$$1 - (2\pi)^m \div m \int_{-\pi}^{\pi} \cdots \int_{-\pi}^{\pi} \frac{dx_1 \cdots dx_m}{m - \cos x_1 - \cdots - \cos x_m}$$

であることが E・モントロールによって示されている (1956 年)。特に，$m = 3$ のとき $0.34053\cdots$，$m = 4$ のとき $0.19320\cdots$，$m = 5$ のとき $0.13517\cdots$ になる。

　確率変数が連続的に変化する確率過程の 1 つである**ブラウン運動**は，物理学，化学，生物学，経済学の現象を表すモデルとしてよく使われている。

テレビで話題となった 確率の問題

理論	統計学	理論の難しさ	🎓🎓🎓🎓🎓 大学 1〜2 年生
テーマ	ベイズの定理	クイズの対象	🎓🎓🎓🎓🎓 高校 1〜2 年生

大学入試対策 ▶ 3 つのドア A, B, C のうち, いずれかのドアの向こうに賞品が無作為に隠されている。挑戦者はドアを 1 つだけ開けて, 賞品があれば, それをもらうことができる。挑戦者がドアを選んでからドアを開けるまでの間に, 司会者は残った 2 つのドアのうち, はずれのドアを 1 つ無作為に開ける。このとき, 挑戦者は開けるドアを変更することができる。挑戦者の選択について正しいものを, 次の **A〜D** から選べ。

A　ドアを変更した方がよい

B　ドアを変更しない方がよい

C　ドアを変更しても変更しなくてもどちらでもよい

D　ドアを変更した方がよいかどうかは判断できない

復習
- 事象 E, A について, E が起こったときに A が起こる確率を**条件付き確率**と呼び, $P_E(A)$ で表す。この確率は

$$P_E(A) = \frac{P(E \cap A)}{P(E)}$$

で求められる。
- 事象 E, A がともに起こる確率は

$$P(E \cap A) = P(A)P_A(E)$$

である(**確率の乗法定理**)。

答え　**A**

解説　ドア A, B, C の向こうに賞品がある事象をそれぞれ A, B, C とおく。賞品は無作為に隠されているから，$P(A) = P(B) = P(C) = 1/3$ である。挑戦者がドア A を選んだとき，司会者がドア C を開ける事象を E とおく。A が当たりのとき司会者は C の他に B も開けることができるから，$P_A(E) = 1/2$ で，

$$P(E \cap A) = P(A)P_A(E) = (1/3) \cdot (1/2) = 1/6$$

である。B が当たりのとき司会者は C を開けるしかないから，$P_B(E) = 1$ で，

$$P(E \cap B) = P(B)P_B(E) = (1/3) \cdot 1 = 1/3$$

である。C が当たりのとき司会者は C を開けることはないから，$P_C(E) = 0$ で，

$$P(E \cap C) = P(C)P_C(E) = (1/3) \cdot 0 = 0$$

である。よって，司会者がドア C を開ける確率は，

$$P(E) = P(E \cap A) + P(E \cap B) + P(E \cap C) = 1/6 + 1/3 + 0 = 1/2$$

と求まる。司会者がドア C を開けたとき，A が当たりである条件付き確率，B が当たりである条件付き確率は，それぞれ

$$P_E(A) = \frac{P(E \cap A)}{P(E)} = \frac{1}{6} \div \frac{1}{2} = \frac{1}{3}, \quad P_E(B) = \frac{P(E \cap B)}{P(E)} = \frac{1}{3} \div \frac{1}{2} = \frac{2}{3}$$

である。よって，ドアを変更した方がよい。なお，このクイズは，モンティ・ホールが司会を務めたアメリカのテレビ番組「Let's Make a Deal」の中で行われたゲームに関する論争に由来をもち，**モンティ・ホール問題**として知られている。

理論紹介　上記のクイズでは $P_E(A) = P(E \cap A)/P(E)$ と $P(E \cap A) = P(A)P_A(E)$ を合わせて $P_E(A)$ を計算したが，一般に**ベイズの定理**

$$P_E(A) = \frac{P(A)P_A(E)}{P(E)}$$

が成り立つ。全事象が排反な事象 $A_1, \cdots, A_n$ に分けられるとき，**全確率の公式**

$$P(E) = P(A_1)P_{A_1}(E) + \cdots + P(A_n)P_{A_n}(E)$$

が成り立つ。

　ベイズの定理を基礎として，**ベイズ統計学**と呼ばれる統計学の理論が確立されている。ベイズ統計学において，事象 A の確率 $P(A)$ は，頻度や傾向に基づく固定値ではなく，A の「直観的信頼度」を表す。$P(A)$ の値は，新たな情報 E が得られたとき，ベイズの定理により $P_E(A)$ に更新されると考える。ここで，$P(A), P_E(A)$ は，それぞれ E を考慮に入れる前，後の A の信頼度を表すという意味で，**事前確率**，**事後確率**と呼ばれる。また，$P_A(E)$ は，E が A を支持する度合いを表し，**尤度関数**と呼ばれる。ベイズ統計学の手法は，迷惑メールのふるい分けなどにも利用されている。

44
MATHEMATICS

さいころをふり続けるとき
確実に言えること

理論	統計学	理論の難しさ	🎓 🎓 🎓 🎓 🎓 大学 1~2 年生
テーマ	大数の法則	クイズの対象	🎓 🎓 🎓 🎓 🎓 高校 1~2 年生

あるさいころについて，各目が出る確率は同様に確からしいとする。これをふり続けるとき確実に言えることを，次の **A~D** から選べ。

A　6回おきに1の目が出る

B　6回中ちょうど1回1の目が出る

C　出た目の平均値はいつかちょうど3.5になる

D　出た目の平均値は3.5に近づいていく

答え　D

解説　A, B について：1の目が続けて6回出ることもあるので，誤り。
C について：1の目が1回出た後に1, 2, 3, 4, 5, 6 の目がこの順に繰り返し出るとき，出た目の平均値は 3.5 になることはない (3.5 には近づいていく)。
D について：正しいことが証明されている (後述)。

理論紹介　さいころを投げ続けるとき，一時的には出方が偏ることもあるかもしれないが，全体的には出た目の平均値は 3.5 に近づいていく。これは，確率論の言葉を使って，次のように説明される。つまり，まったく同じ確率で同じ値をとる独立な確率変数 $X_1, \cdots, X_n$ に対して，$\mu = E(X_1) = \cdots = E(X_n)$ とおき，

$$\bar{X}_n = \frac{X_1 + \cdots + X_n}{n}$$

と定めると，**大数の弱法則**

$$\lim_{n \to \infty} P(|\bar{X}_n - \mu| > \varepsilon) = 0 \quad (\varepsilon > 0)$$

と，**大数の強法則**

$$P\left(\lim_{n \to \infty} \bar{X}_n = \mu\right) = 1$$

が成り立つ。前者は，$\bar{X}_n$ と μ の誤差が ε より大きくなる確率が 0 に収束するという意味で，$\bar{X}_n$ が μ の値に近づくことを意味する (**確率収束**と呼ぶ)。これに対して，後者は，$\bar{X}_n$ が μ に収束する確率が 1 であるという意味で，$\bar{X}_n$ が μ の値に近づくことを意味する (**概収束**と呼ぶ)。

大数の弱法則は，**チェビシェフの不等式**

$$P(|X - \mu| \geq k\sigma) \leq \frac{1}{k^2} \quad (\mu = E(X),\ \sigma = \sigma(X),\ k > 0)$$

を使うと，

$$P(|\bar{X}_n - \mu| > \varepsilon) \leq \frac{\sigma(\bar{X}_n)^2}{\varepsilon^2} = \frac{\sigma^2}{\varepsilon^2 n} \quad (\sigma = \sigma(X_1) = \cdots = \sigma(X_n))$$

の右辺が 0 に収束することから証明される。

なお，大数の法則は，統計学の言葉では，

標本数を大きくすると，標本平均は母平均に近づく

と言い換えられる。

大数の法則に関連して，多くの場合に，

標本数を大きくすると，標本平均と母平均の誤差は近似的に正規分布に従う

という定理が成り立つ (**中心極限定理**)。

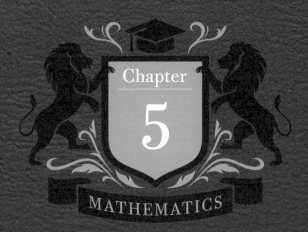

Chapter

5

MATHEMATICS

幾何学編

角度に関する有名な難問

理論	初等幾何学	理論の難しさ 🎓🎓🎓🎓🎓 大学 3 年生以上
テーマ	整角四角形問題	クイズの対象 🎓🎓🎓🎓🎓 中学 3 年生

　頂角が ∠BAC = 20° の二等辺三角形 ABC において，辺 AC 上に点 D を，辺 AB 上に点 E をとる。∠CBD = 60°，∠BCE = 50° であるとき，∠BDE の角度として正しいものを，次の **A~D** から選べ。

A　20°　　　　　**B**　25°　　　　　**C**　30°　　　　　**D**　35°

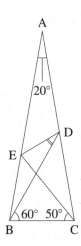

答え C

解説 いろいろな解法が知られているが，ここでは1つだけ解法を紹介する。

線分 DC 上に ∠CBF = 20° を満たす点 F をとる(➡ 下図)。∠BCF = ∠BFC = 80°
であるから，BC = BF である。また，∠BCE = ∠BEC = 50° であるから，BC = BE であ
る。これらと ∠EBF = 60° であることから，△BEF は正三角形である。さらに，
∠DBF = ∠BDF = 40° であるから，

$$BF = DF = EF$$

が成り立つ。よって，3 点 B, D, E は点 F を中心とする同
じ円周上にあるから，円周角の定理により

$$\angle BDE = \frac{\angle BFE}{2} = 30°$$

である。

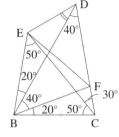

理論紹介 上記の問題は，**ラングレーの問題**として知られている
(1922 年)。一般に，角度が整数である角を**整角**と呼ぶ。
四角形のうち 4 辺と対角線のなす角がすべて整角であるものを**整角
四角形**と呼び，その 4 つの整角 a, b, c, d をもとに 1 つの整角 e を
求める問題を**整角四角形問題**と呼ぶ(➡ 右図)。[注1]

ラングレーの問題は，$(a, b, c, d, e) = (20°, 60°, 50°, 30°, 30°)$ の整角四角形問題
と考えることができる。整角四角形問題は，度数法という角の大きさの表し方に
大きく依存するが，初等幾何学のさまざまな手法を駆使して解かれるため，しば
しば初等幾何学の大王と呼ばれる。整角四角形問題の解法は，J・リグビー，斉
藤浩らによって，初等幾何学的なものがタイプ別にまとめられている。例えば，
$(a, b, c, d) = (15° + x, 45° + 3x, 60° - 2x, 30°)\ (0° < x < 30°)$ のとき，$e = 30°$ であるこ
とが，上記と同様に証明できる。

三角形の内部に 1 点をとり，その点と三角形の頂点を線分で
結んでできる図形のうち，6 本の線分のなす角がすべて整角で
ある三角形を**整角三角形**と呼び，その 4 つの整角から 1 つの整
角を求める問題を**整角三角形問題**と呼ぶ(➡ 右図)。この問題についても，初等幾何
学的な解法がタイプ別に研究されている。

注1) 整角四角形問題をラングレーの問題と呼ぶことも多い。なお，a, b, c, d が整角でも e が整角であ
るとは限らない。

星形を含めた正多面体の個数

Question 46 MATHEMATICS

理論	初等幾何学	理論の難しさ	🎓🎓🎓🎓🎓 大学 3 年生以上
テーマ	正多面体	クイズの対象	🎓🎓🎓🎓🎓 中学 3 年生

　正多面体の個数を，面が互いに交差しても，凸でなくてもよいとして数えると，全部で何個あるか。次の **A**〜**D** から選べ。

A　6 個　　　　**B**　7 個　　　　**C**　8 個　　　　**D**　9 個

■ **答え** **D**

■ **解説** 凸正多面体は, 正四面体, 正六面体, 正八面体, 正十二面体, 正二十面体の 5 つしかない。実際, 面が正 p 角形であり, 各頂点に q 本の辺が集まるような凸正多面体を考えると, 1 つの頂点に集まる角の和は 360° 未満であることから,

$$q \cdot \frac{180(p-2)}{p} < 360 \quad よって \quad (p-2)q < 2p$$

が成り立つ。整理すると $pq - 2q - 2p < 0$ から

$$(p-2)(q-2) < 4$$

となる。$p \geqq 3$, $q \geqq 3$ に注意すると,

$$(p-2, q-2) = (1,1),\ (1,2),\ (1,3),\ (2,1),\ (3,1)$$
$$(p, q) = (3,3),\ (3,4),\ (3,5),\ (4,3),\ (5,3)$$

となる。この条件を満たす凸正多面体は, それぞれ正四面体, 正六面体, 正八面体, 正十二面体, 正二十面体である (➡ 下図の上段)。

この他に, 面が交差し, 凸でない正多面体が 4 個ある (➡ 下図の下段, 後述)。

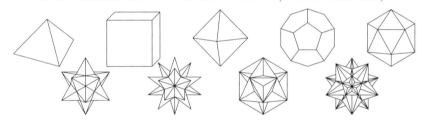

■ **理論紹介** すべての面が合同な正多角形からなり, 1 つの頂点に集まる面の数が互いに等しい多面体を**正多面体**と呼ぶ。そのうち, 面が交差し, 凸でない正多面体を**星形正多面体**と呼ぶ (凸正多面体を単に正多面体と呼ぶことも多い)。

与えられた多面体に対して, 面の重心を新たな頂点とし, 辺で接する面の重心どうしを辺で結び, 頂点で接する面の重心を結ぶ多角形を面とする多角形を**双対多面体**と呼ぶ。正四面体の双対多面体は正四面体であり, 正六面体と正八面体, 正十二面体と正二十面体は互いに双対多面体の関係にある。

J・ケプラーは正十二面体をもとに**小星形十二面体**, **大星形十二面体**を構成した (1611 年)。その双対である**大十二面体**, **大二十面体**は L・ポアンソによって発見された (1809 年)。A・L・コーシーは, 星形多面体はこれら 4 つに限ることを証明した (1811 年)。その証明は, 3 次元の**回転群** (回転を表す行列のなす群) の**巡回部分群** (1 つの要素で生成される部分群), 二面体群以外の有限部分群は正多面体群のみであることを使って行われる (➡ p.041, 043)。

穴の開いた多面体の頂点と辺と面の数の関係

理論 位相幾何学	**理論の難しさ** 🎓🎓🎓🎓🎓 大学 1～2 年生
テーマ オイラーの多面体定理	**クイズの対象** 🎓🎓🎓🎓🎓 中学 3 年生

穴の開いた多面体の頂点と辺と面の数の関係

下の立体の頂点の個数を v, 辺の本数を e, 面の枚数を f とおくとき, $v - e + f$ の値はいくらか。次の **A**～**D** から選べ。

A 　2 　　　　　**B** 　0 　　　　　**C** 　−2 　　　　　**D** 　−4

答え B

解説 前頁の図から，頂点の個数は $v = 16$，辺の本数は $e = 32$，面の枚数は $f = 16$ であるので，$v - e + f = 0$ である。

理論紹介 穴の開いていない多面体に対して，

$$v - e + f = 2$$

が成り立つ (**オイラーの多面体定理**)。例えば，凸正多面体についてこの等式が成り立つことが実験的に確認できる (⇒下表)。

凸正多面体	v	e	f	$v - e + f$
正四面体	4	6	4	2
正六面体	8	12	6	2
正八面体	6	12	8	2
正十二面体	20	30	12	2
正二十面体	12	30	20	2

　オイラーの多面体定理を使って，凸正多面体はこれらの5つに限ることが証明できる。実際，頂点の個数が v，辺の本数が e，面の枚数が f である正多面体において，正 p 角形の面が1つの頂点に q 枚集まるとすると，1本の辺が2つの面に属し，2つの頂点を結ぶことから，

$$fp = vq = 2e$$

が成り立つ。これと $v - e + f = 2$ から

$$\frac{2e}{q} - e + \frac{2e}{p} = 2 \quad \text{よって} \quad \frac{2}{q} + \frac{2}{p} - 1 = \frac{2}{e} > 0$$

となるので，$2/q + 2/p > 1$ つまり $pq - 2p - 2q < 0$ から $(p - 2)(q - 2) < 4$ が成り立つ。以下，前々ページと同様の理由により，凸正多面体は上記の5つである。

　g 個の穴が開いた多面体に対しては

$$v - e + f = 2(1 - g)$$

が成り立つことが証明されており，$2(1 - g)$ をその多面体の**オイラー標数**と呼ぶ。この定理の証明としては，**ホモロジー群**という群 (⇒p.041) を使った証明や，グラフ理論 (⇒p.155) による証明が知られている。オイラー標数は，一般の位相空間に対しても，ホモロジー群を使って定義される。これは，位相空間の代表的な不変量であり，位相幾何学で重要な役割を果たす。

はさみで切らずに
ほどける結び目

理論	位相幾何学	理論の難しさ	大学 1〜2 年生
テーマ	結び目理論	クイズの対象	中学 3 年生

次の **A〜D** のうち，はさみで切らずにほどける結び目はどれか。

A

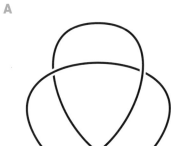

B

C

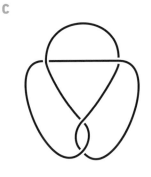

D

■**答え**　B

■**解説**　ひもを用意して考えてみるとよい。B は，次のようにほどくことができるが（➡下図），A，C，D はほどくことができない。なお，A は**三葉結び目**，C は**8 の字結び目**，D は**五葉結び目**と呼ばれる。

■**理論紹介**　円周 S^1 の 3 次元ユークリッド空間 $\mathbb{R}^3$ への埋め込みを**結び目**と呼ぶ。[注1)]結び目は位相幾何学の重要な研究対象である。

　結び目は，すべて円周と同相（➡ p.027）であるから，同相より詳しい分類をするために**イソトピー**，**ホモトピー同値**という概念を使って調べられる。端的に言うと，イソトピーとは，同相という関係を保ったまま連続的に変形する操作のことであり，結び目についてはひもを切らずにほどく際の操作に相当する。また，ホモトピー同値とは，連続的に変化する連続写像によって定義される関係であり，同相よりも粗い関係であるため，例えば円と 1 点，円柱と円周もそれぞれホモトピー同値になる。

　結び目理論では，ホモトピー同値の概念を応用した**結び目群**という群（➡ p.041）が重要な役割を果たす。ホモトピー同値な 2 つの結び目の結び目群は同型（➡ p.041）になるため，結び目群が異なれば 2 つの結び目はホモトピー同値でないと結論づけられる。例えば，自明な結び目の結び目群は可換群であるが，三葉結び目の結び目群は非可換群で，まったく違う構造をもつ。[注2)]しかし，結び目群が同型でも，ホモトピー同値でない結び目も存在する。そのため，別の不変量として，**アレクサンダー多項式**と呼ばれる整数係数多項式などが考えられている。

　位相幾何学では，結び目だけでなく，**絡み目**の研究も盛んに行われている（➡ 右図）。これは，いくつかの結び目の互いに共通部分をもたない和集合として定義される。C・F・ガウスは，2 つの結び目からなる絡み目について，一方の結び目が他方に何回絡みついているかを定式化した**まつわり数**を積分で表す公式を発見した。

　結び目，絡み目の理論は，物理学で重要な応用をもつ。

注1)　結び目は，単射連続写像 $S^1 \to \mathbb{R}^3$ の値域として定義される（➡ p.013, 027）。これは自身と交わらない閉曲線である。

注2)　具体的には，前者は整数全体が加法についてなす群 $\mathbb{Z}$ と同型で，後者は $aba = bab$ という関係式を満たす a, b をもとに作られる群である。

面積の等しい
図形の裁ち合わせ

理論	分割の幾何学	理論の難しさ	🎓🎓🎓🎓🎓 大学 3 年生以上
テーマ	デーンの定理	クイズの対象	🎓🎓🎓🎓🎓 中学 3 年生

下図の 2 つのパズルをそれぞれ組み立て直すと，別の図形を作ることができる。その図形として正しい組合せを，次の **A**〜**D** から選べ。

A　正方形と正五角形　　　　　**B**　正方形と正六角形

C　正五角形 2 つ　　　　　　**D**　正五角形と正六角形

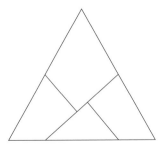

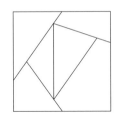

答え　**A**

解説　正三角形のパズルを組み立て直すと正方形ができ,[注1)] 正方形のパズルを組み立て直すと正五角形ができる (→ 下図) 。

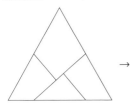 →   →

理論紹介　三角形の面積の公式は，三角形を切り分けて面積が等しい長方形に組み立て直すことによって，長方形の面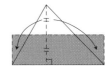
積の公式に帰着させて証明することができる (→ 右図) 。

より一般に，2 つの多角形 P, Q に対して，

$$P, Q \text{ の面積が等しい} \iff P, Q \text{ は分割合同である}$$

(→ p.019) という定理が F・ボヤイによって証明されている (1833 年) 。

D・ヒルベルトは，三角形の面積の公式と同様に，極限操作 (取り尽くし法や微分積分法など) を使わない形で角錐の体積の公式を証明できるかどうかを問うた (**ヒルベルトの第 3 問題**) 。角錐が直方体に分割合同であれば極限操作を使わずに角錐の体積の公式の証明が得られるが，M・デーンは

$$\text{正四面体と直方体は分割合同でない}$$

という定理を証明し，ヒルベルトの第 3 問題を否定的に解決した (**デーンの定理**, 1900 年) 。デーンは，多面体 P の**デーン不変量** $D(P)$ を，P が r 個の多面体 $P_1, \cdots, P_r$ に分割されるとき

$$D(P) = D(P_1) + \cdots + D(P_r)$$

を満たすように定義した (定義の詳細は省略) 。さらに，直方体のデーン不変量は 0 であり，正四面体のデーン不変量は 0 でないことを示すことで，この証明を行った。さらに，J・P・シドラーは，2 つの多面体 P, Q に対して

$$P, Q \text{ が分割合同} \iff P, Q \text{ の体積とデーン不変量がそれぞれ等しい}$$

という定理を証明した (1965 年) 。

注1) H・デュードニーが『カンタベリー・パズル』で取り上げたことで有名である。

Question 50 MATHEMATICS

一定の速さでハンドルを切った車の軌跡

理論	微分幾何学	理論の難しさ	🎓🎓🎓🎓🎓 大学 3 年生以上
テーマ	曲線の曲率	クイズの対象	🎓🎓🎓🎓🎓 高校 3 年生(理)

　一定の角速度でハンドルを切り続けるとき，一定の速さの車が描く曲線はどのようになるか。次の **A〜D** から選べ。

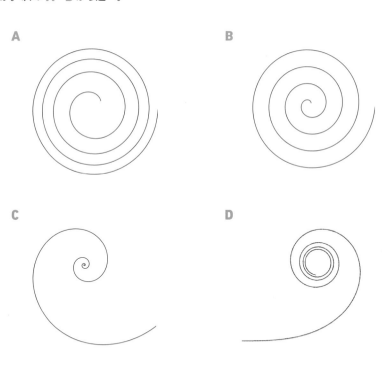

A

B

C

D

■ 答え **D**

■ 解説 一定の角速度でハンドルを切り続けると，一定の速さの車は D のような**ク
ロソイド**と呼ばれる曲線を描く。この曲線は，曲線の「曲がり具合」が時間の
経過に比例して大きくなるという性質をもつ (後述)。

ちなみに，A は**放物らせん**，B は**アルキメデスのらせん**，C は**対数らせん**である。

■ 理論
紹介 曲線 C の「曲がり具合」は，次のように定式化される。つまり，まず，C 上
の定点から点 P までの弧長を s とおき，C を s を媒介変数とする方程式
$x = x(s)$, $y = y(s)$ で表す。このとき，点 $P(x(s), y(s))$ における単位接ベクトル $e(s)$ の
微分 $e'(s)$ (各成分を微分して得られるベクトル) は単位法線ベクトル $n(s)$ に平行に
なる。そこで，$e'(s) = \kappa(s)n(s)$ を満たす実数 $\kappa(s)$ を C の P における**曲率**と呼び，曲
率の逆数 (曲率が 0 の場合には ∞) を**曲率半径**と呼ぶ。一般の媒介変数 t で表された
曲線 $x = x(t)$, $y = y(t)$ に対しては，点 $(x(t), y(t))$ における曲率 κ は

$$\kappa = \frac{x'(t)y''(t) - x''(t)y'(t)}{(x'(t)^2 + y'(t)^2)^{3/2}}$$

という公式で求められる。直線の曲率は常に 0，半径 r の円周の曲率は常に $1/r$，放物
線 $y = ax^2$ の原点における曲率は $2|a|$ である。

クロソイドは，関数

$$x(s) = \int_0^s \cos \frac{\theta^2}{2} d\theta, \quad y(s) = \int_0^s \sin \frac{\theta^2}{2} d\theta$$

について $x = x(s)$, $y = y(s)$ で定義される。点 $P(x(s), y(s))$ における単位接ベクトルは
$(\cos(s^2/2), \sin(s^2/2))$ であるから，これを微分すると $(-s \sin(s^2/2), s \cos(s^2/2))$ となり，
単位法線ベクトル $(-\sin(s^2/2), \cos(s^2/2))$ の s 倍になる。よって，点 P における曲率
は $\kappa(s) = s$ であり，クロソイドの曲率は弧長に比例して大きくなる。この性質により，
クロソイドの形をした道路では，運転手は一定の角速度でハンドルを切り続ければよ
く，直線と円弧をつなげた道路のように急にハンドルを切る必要がないため，安全に
走行できる。また，$x'(s)^2 + y'(s)^2 = \cos^2(s^2/2) + \sin^2(s^2/2) = 1$ から，クロソイド全体
の長さは

$$\int_{-\infty}^{\infty} \sqrt{x'(s)^2 + y'(s)^2} ds = \int_{-\infty}^{\infty} ds = \infty$$

である。

クロソイドは，すべて互いに相似であるという優れた性質をもつ。これと上記の性
質を利用して，直線，円弧，クロソイドを合わせた複雑な道路，線路が設計されている。
また，クロソイドは，ローラー・コースターの垂直ループにも利用されている。

Question
51
MATHEMATICS

地球上の2点を結ぶ 最短の道のり

| 理論 | 微分幾何学 | 理論の難しさ 🎓🎓🎓🎓🎓 大学3年生以上 |
| テーマ | 測地線 | クイズの対象 🎓🎓🎓🎓🎓 高校1〜2年生 |

　地球を球に見立てて考えるとき，東京からイランの首都テヘランまで地球上を最短で移動したときの道のりとして正しいものを，次のA〜Dから選べ。ただし，地球の半径は6370kmで，東京とテヘランは北緯35度にあり，経度の差は88度であるとする。

A 7711km **B** 8014km **C** 9784km **D** 11268km

■ **答え** **A**

■ **解説** 球面において，その中心を通る平面による切り口
である円周を**大円**と呼ぶ。地球上で東京からテヘ
ランまで最短で移動するには，東京とテヘランを通る大円
の短い方の弧 (**劣弧**と呼ぶ) を通ればよい (➡ 右図)。同じ
緯度上を移動したときの道のりは B の

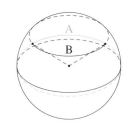

$$2\pi \cdot 6370 \cos 35° \cdot \frac{88}{360} \fallingdotseq 8014 \text{ (km)}$$

であるから，それより短い A が正解である。

■ **理論紹介** 球面上の 2 点を結ぶ大円の劣弧のように，曲面上の 2 点を結ぶ最短の曲線を
測地線と呼ぶ (厳密な定義は省略)。北極と南極を結ぶ測地線が無数にある
ように，測地線は一意的に定まらない。

　ちなみに，球面三角法により，半径 R の球面において弧度法で緯度 φ_1，経度 λ_1 の地
点と，緯度 φ_2，経度 λ_2 の地点を結ぶ測地線の長さ L は

$$L = R \arccos (\sin \varphi_1 \sin \varphi_2 + \cos \varphi_1 \cos \varphi_2 \cos |\lambda_1 - \lambda_2|)$$

で求められる。ここで，$\arccos x$ は $\cos x \ (0 \leqq x \leqq \pi)$ の逆関数である。

　測地線の概念は，**微分幾何学**において重要な役割を果たす。微分幾何学とは，微分
を使って**微分可能多様体**と呼ばれる図形を研究する幾何学であり，接線，接平面や，
曲率 (➡p.119) などの多くの概念が微分を使って定式化される。微分可能多様体は，
端的に言うと，各点の十分近くではユークリッド空
間の部分集合と同一視でき，そこで局所的に座標系
が定まるような図形である。これは，地球の表面は，
十分近くから見ると，地球の丸さが忘れられるほど
平らに見えて，平面と同一視できるというようなも
のである (➡ 右図)。多くの地図は，この**局所座標
系**の考え方を利用してかかれている。

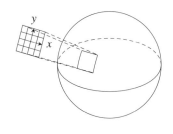

　微分幾何学の一分野である**リーマン幾何学**は，距離の概念の一般化である (**擬**)
リーマン計量をもつ (**擬**) **リーマン多様体**と呼ばれる図形を研究する幾何学であり，
物理学に多くの応用がある。一般相対性理論において，時空は 4 次元の擬リーマン多
様体として扱われる。

2円の内外に接する三角形と四角形

Question 52 MATHEMATICS

理論	射影幾何学	理論の難しさ	🎓 🎓 🎓 🎓 🎓 大学3年生以上
テーマ	ポンスレの閉形定理	クイズの対象	🎓 🎓 🎓 🎓 🎓 高校1〜2年生

C, D を円周とする。次の ①, ② の真偽について正しいものを，次の **A〜D** から選べ。

① C に内接し，D に外接する三角形が1つでも存在するならば，C 上の任意の点 P を1つの頂点とし，C に内接し，D に外接する三角形が存在する。

② C に内接し，D に外接する四角形が1つでも存在するならば，C 上の任意の点 P を1つの頂点とし，C に内接し，D に外接する四角形が存在する。

A ① も ② も正しい

B ① は正しいが，② は正しくない

C ① は正しくないが，② は正しい

D ① も ② も正しくない

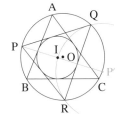

答え **A**

解説 ① について：△ABC の外接円の半径が R, 内接円の半径が r であるとき，外心 O と内心 I の距離の 2 乗が

$$\mathrm{OI}^2 = R^2 - 2Rr$$

と表されるという定理 (**チャップル=オイラーの定理**) を使うと，次のように証明できる。円周 O 上の点 P を任意にとる。半直線 PI と円周 O の交点を P′ とおく。さらに，P′ を中心とし，I を通る円周と円周 O の交点を Q, R とおく (→下図)。このとき，O は △PQR の外心である。また，PI は ∠QPR の二等分線になる。さらに，円周角の定理により QI は ∠PQR の二等分線であることがわかるので，I は △PQR の内心である。よって，△PQR の内接円の半径を r' とおくと，チャップル=オイラーの定理により

$$\mathrm{OI}^2 = R^2 - 2Rr = R^2 - 2Rr'$$

が成り立つから，$r = r'$ である。ゆえに，△PQR は円周 I に外接し，円周 O に内接する三角形である。

② について：正しいことが証明されている (後述)。

理論紹介 アレクサンドリアのパップスは，

A, B, C が一直線上にあり，

A′, B′, C′ が一直線上にあるとき，

AB′ と BA′，BC′ と CB′，CA′ と AC′

の交点は 1 直線上に並ぶ

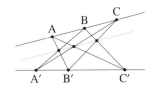

という定理を証明した (**パップスの定理**，→右図)。

　このように，射影や切断などの操作で不変な図形の性質を調べる幾何学を**射影幾何学**と呼ぶ。この幾何学は，ダ・ヴィンチの遠近法や，メルカトルの投影図などの新しい図法の発見を皮切りに，G・デザルグ，B・パスカルらの研究によって理論が整えられた。

　さらに，J・V・ポンスレは射影幾何学を大きく発展させ，その応用として，次の定理を証明した (**ポンスレの閉形定理**)。

2 次曲線 C, D に対して，C に内接し，D に外接する n 角形が 1 つでも

存在するならば，C 上の任意の点 P を 1 つの頂点とし，C に内接し，

D に外接する n 角形が存在する。

　現代数学において，射影幾何学は，**無限遠点**という点を付け加えた**射影平面**，**射影空間**と呼ばれる平面，空間の幾何学として整備されている。

Question
53

2つの曲線の共有点の個数

理論	代数幾何学	理論の難しさ	🎓🎓🎓🎓🎓 大学 3 年生以上
テーマ	ベズーの定理	クイズの対象	🎓🎓🎓🎓🎓 高校 1〜2 年生

x, y の 2 次方程式, 3 次方程式で表される 2 つの曲線の交点の個数は最大でいくつか。次の **A**〜**D** から選べ。

A 3個   **B** 4個   **C** 5個   **D** 6個

答え D

解説 $y^3 - y = 2(x^3 - x)$, $x^2 + xy + y^2 - 1 = 0$ は, 6 個 の 点 $(\pm 1, 0)$, $(0, \pm 1)$, $(-1, 1)$, $(1, -1)$ で交わる (➡右図)。 2 次方程式, 3 次方程式で表される曲線の交点の個数は最大 で 6 個であることが知られている (後述)。

理論 紹介 多項式が考えている係数の範囲でそれ以上因数分解できないとき, その 多項式は**既約**であるという。n 次既約多項式 $f(x_1, \cdots, x_r)$ を使って方程式 $f(x_1, \cdots, x_r) = 0$ で定義される曲線 C を **n 次曲線**と呼び, n を C の**次数**と呼ぶ。放物線, 円周と楕円, 双曲線は 2 次曲線であり, すべての平面 2 次曲線はこれらのいずれかに 一致する。

2 つの図形の関係を調べるには, まず共有点の個数を調べることが重要である。ク イズに関連して, 一般に

平面上の m 次曲線 C, n 次曲線 D が有限個の共有点をもつとき,

その個数は重複度込みで mn 以下である

という定理が成り立つ (**ベズーの定理**)。なお, この共有点の個数は, 複素射影平面 (➡p.123) の中で考えるとちょうど mn 個になる。この定理の厳密な証明は G・H・ アルファンにより与えられた (1873 年)。

ベズーの定理を一般化して, **交点理論**が整備されている。例えば, その応用として, 複素射影空間内の 3 次曲面上にはちょうど 27 本の直線が存在することが証明されて いる。

また, ベズーの定理に関連して,

平面上の m 次曲線 C, n 次曲線 D が異なる mn 個の点で交わり,

次数が $m + n - 3$ 以下の曲線 E が $C \cap D$ の 1 点以外をすべて通るならば,

E は他の 1 点も通る

という定理が成り立つ (**ケイリー =バッハラッハの定理**, 1886 年)。

このように, 多項式の方程式によって定義される**代数多様体**と呼ばれる図形を研究 する幾何学を**代数幾何学**と呼ぶ。代数幾何学の理論は, 可換環論 (➡p.045) を中心に, さまざまな手法を使って展開されている。代数多様体は, **ザリスキー位相**と呼ばれる 位相を考えて, 位相空間 (➡p.027) として扱うことが多い。その定義は, 自明な位相 しか定まらないような有理数体などの体 (➡p.053) 上で定義された代数多様体に対し ても有効であり, 位相空間論の道具が代数多様体の研究に役立てられている。

球面上の三角形の内角の和

理論	リーマン幾何学	理論の難しさ	🎓🎓🎓🎓🎓 大学 3 年生以上
テーマ	非ユークリッド幾何学	クイズの対象	🎓🎓🎓🎓🎓 中学 3 年生

　球面において，3 本の大円の劣弧 (➡ p.121) で囲まれた領域を**球面三角形**と呼ぶ。さらに，2 直線のなす角を，交点で接する平面に射影した 2 直線のなす角として定義する。このとき，球面三角形の内角 A, B, C の和の取り得る値の範囲として正しいものを，次の **A〜D** から選べ。

A $A + B + C = 180°$

B $0° < A + B + C < 180°$

C $180° < A + B + C \leqq 270°$

D $180° < A + B + C < 540°$

答え **D**

解説 赤道と経度 0° の経線,東経 90° の経線で囲まれた
三角形の内角の和は 90° + 90° + 90° = 270° であ
る (➡ 右図)。球面上の三角形の内角の和は 180° より大き
く,540° より小さいことが証明されている (後述)。

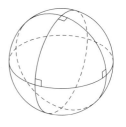

理論紹介 アレクサンドリアのユークリッドは『原論』で,次のような 5 つの仮定をもと
に,当時知られていた幾何学をまとめた。

(E1)　任意の 2 点を結ぶ線分がただ 1 つ存在する (**第 1 公準**)。

(E2)　任意の線分は直線に延長できる (**第 2 公準**)。

(E3)　任意の点を中心とする任意の半径の円周がかける (**第 3 公準**)。

(E4)　すべての直角は等しい (**第 4 公準**)。

(E5)　1 本の線分が 2 本の線分と交わり,同じ側の内角の和を 2 直角より小さくする
　　　とき,2 本の線分の延長はその側で交わる (**第 5 公準**)。

　第 5 公準は

与えられた直線上にない 1 点を通り,それと平行な直線はただ 1 本しか存在しない

という命題と同値であるため,**平行線の公準**とも呼ばれる。これは他の公準に比べて
複雑であるため,多くの数学者によって他の公準から平行線の公準を証明しようとい
う試みがなされたが,いずれも成功しなかった。N・ロバチェフスキー,J・ボヤイは
独立に,従来の幾何学 (**ユークリッド幾何学**) とは異なる,平行線の公準が成り立たな
い幾何学 (**非ユークリッド幾何学**) の存在を証明し,特に三角形の内角の和が 180° よ
り小さくなる幾何学 (**双曲幾何学**) を発見した (1829 年,1832 年)。さらに,B・リー
マンは,三角形の内角の和が 180° より大きくなる幾何学 (**楕円幾何学**) を発見した。

　楕円幾何学に分類される幾何学として,**球面幾何学**がある。この幾何学では,球面
上の大円を直線と呼ぶ。球面上では,平行な直線は存在せず,相異なる 2 本の直線は
2 点で交わる。また,ユークリッド幾何学にはない二角形が存在する。さらに,2 つの
球面三角形は,3 組の対応する角が等しい場合にも合同になる。

　半径が r の球面上にある,内角が弧度法で A, B, C,面積が S の三角形において,

$$A + B + C = \pi + \frac{S}{r^2}$$

が成り立つ。ガウスは曲面の「曲がり具合」を表す**ガウス曲率**を定義し,それを使って
この公式を一般の曲面上の三角形の内角の和の公式に拡張した (**ガウス=ボネの定理**)。
ガウス曲率が 0 の幾何学がユークリッド幾何学,ガウス曲率が正の幾何学が楕円幾何
学,ガウス曲率が負の幾何学が双曲幾何学である。

Question
55
MATHEMATICS

雪形の図形の
周の長さと面積

理論	フラクタル幾何学	理論の難しさ	🎓 🎓 🎓 🎓 🎓 大学 3 年生以上
テーマ	フラクタル図形	クイズの対象	🎓 🎓 🎓 🎓 🎓 高校 3 年生(理)

大学入試対策 ▶ 1 辺の長さが 1 の正三角形を K_0 として，次のような規則で多角形 K_n $(n \geqq 0)$ を順次定めていく。多角形 K_n の各辺において，辺を 3 等分する 2 点を頂点とするような正三角形を K_n の外側に貼り合わせ，できた多角形を K_{n+1} とする。この操作を無限に繰り返すことで得られる図形 K_∞ について正しいものを，次の **A〜D** から選べ。

A　周の長さも面積も定まる

B　周の長さは定まるが，面積は定まらない

C　周の長さは定まらないが，面積は定まる

D　周の長さも面積も定まらない

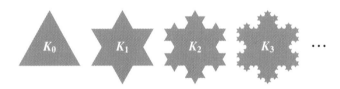

K_0　　K_1　　K_2　　K_3　　$\cdots$

復習

・$r > 1$ のとき，$\displaystyle\lim_{n \to \infty} r^n = \infty$ である。

・$n \geqq 2$ のとき，

$$a_n = a_1 + \sum_{i=1}^{n-1}(a_{i+1} - a_i)$$

が成り立つ。

答え c

解説 K_n の周の長さを L_n とおく。K_n から K_{n+1} を作るとき，K_n の各辺はその $1/3$ 倍の長さの辺 4 本になるから，$L_{n+1} = 4L_n/3$ が成り立つ。よって，

$$L_n = \left(\frac{4}{3}\right)^n L_0 = 3 \cdot \left(\frac{4}{3}\right)^n \to \infty \quad (n \to \infty)$$

であるから，K_∞ の周の長さは定まらない。

また，K_n の面積を S_n とおく。K_n から K_{n+1} を作るとき，1 辺の長さが $1/3^{n+1}$ の正三角形 $3 \cdot 4^n$ 個が貼り合わされるから，

$$S_{n+1} - S_n = 3 \cdot 4^n \times \left(\frac{1}{3^{n+1}}\right)^2 \cdot \frac{\sqrt{3}}{4} = \frac{\sqrt{3}}{12}\left(\frac{4}{9}\right)^n$$

が成り立つ。よって，

$$\lim_{n \to \infty} S_n = S_0 + \sum_{n=0}^{\infty} (S_{n+1} - S_n) = \frac{\sqrt{3}}{4} + \frac{\sqrt{3}}{12}\sum_{n=0}^{\infty}\left(\frac{4}{9}\right)^n = \frac{\sqrt{3}}{4} + \frac{\sqrt{3}}{12} \cdot \frac{1}{1 - 4/9} = \frac{2\sqrt{3}}{5}$$

であるから，K_∞ の面積は定まる。

理論紹介 クイズの図形は，**コッホ雪片**として知られている。
また，正三角形から各辺の中点を結ぶ正三角形を切り取り，新たにできたすべての小三角形から同様に正三角形を切り取るという操作を無限に続けると，**シェルピンスキーのギャスケット**と呼ばれる図形が得られる (途中の図 ➡ 右図)。

これらの図形は，一部が全体と相似になるという**自己相似性**をもつ。自己相似な図形や，どれだけ細かい部分にも微細な構造が見られるような図形を**フラクタル図形**と呼ぶ。B・マンデルブロは，極めて複雑な図形は例外というよりは普通であると主張し，さまざまな現象の不規則性をフラクタル図形によって研究する意義を強調した。

フラクタル図形の定義はいくつかあるが，簡明なものとして，**ボックス次元**

$$\lim_{\varepsilon \to +0} \frac{\log N(\varepsilon)}{\log(1/\varepsilon)} \quad (N(\varepsilon) : 1 \text{辺} \varepsilon \text{のグリッドを引くとき図形と交わる箱の数})$$

が位相次元と呼ばれる次元を上回るような図形として定義する方法がある。コッホ雪片のボックス次元は，$1/3$ に縮小すると 4 つの自己相似構造が必要になることから，

$$\lim_{\varepsilon \to +0} \frac{\log N(\varepsilon)}{\log(1/\varepsilon)} = \lim_{n \to \infty} \frac{\log 4^n}{\log 3^n} = \frac{\log 4}{\log 3} \fallingdotseq 1.262$$

と求められる。この値は，周の長さは無限だが面積が定まることを反映している。

自然界では，リアス海岸の海岸線，ロマネスコ・ブロッコリーなどの植物が，近似的にフラクタル図形の構造をもつ。

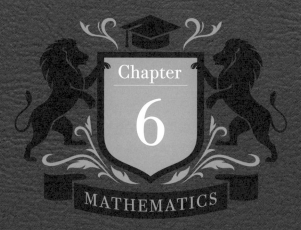

Chapter

6

MATHEMATICS

数論編

とてつもなく 大きな素数

理論 初等整数論	**理論の難しさ** 🎓🎓🎓🎓🎓 大学 3 年生以上		
テーマ 素数判定法	**クイズの対象** 🎓🎓🎓🎓🎓 高校 1〜2 年生		

大学入試対策 ▶ 2018 年 12 月現在発見されている中で最大の素数は $M = 2^{82589933} - 1$ である。これを十進法で表すとき，1 ページあたり 2000 桁ずつ紙に書いていくと，何ページになるか。次の **A〜D** から選べ。

A 12 ページ

B 124 ページ

C 1243 ページ

D 12432 ページ

復習
- $a^x = y$ のとき，x を a を底とする y の**対数**と呼び，$\log_a y$ で表す。特に，10 を底とする対数を**常用対数**と呼ぶ。
- $d - 1 \leqq \log_{10} x < d$ のとき，x の桁数は d である。

とてつもなく大きな素数

答え **D**

解説 $M = 2^{82589933} - 1$ のように累乗を使って表された数の桁数は、常用対数を使って見積もることができる。

$$\log_{10}(M+1) = \log_{10}(2^{82589933}) = 82589933 \log_{10} 2$$
$$= 82589933 \cdot 0.301029995\cdots = 24862047.1\cdots$$

から、$10^{24862047} < M+1 < 10^{24862048}$, よって $10^{24862047} \leqq M < 10^{24862048}$ であるので、M の桁数は 24862048 である。これを1ページあたり 2000 桁ずつ紙に書いていくと、$24862048 \div 2000 = 12431.024$ から、12432 ページになる。

理論紹介 素数が無限に存在することはアレクサンドリアのユークリッドによって証明されたが、素数の出現パターンは不規則で、具体的に大きな素数を求めることは困難である。多くの数学者や数学愛好家によって巨大素数の探索が行われてきた。

ある正の整数 n を用いて $2^n - 1$ の形に表される整数を**メルセンヌ数**、素数であるメルセンヌ数を**メルセンヌ素数**と呼ぶ。例えば、$2^2 - 1 = 3$, $2^3 - 1 = 7$, $2^5 - 1 = 31$, $2^7 - 1 = 127$ はメルセンヌ素数で、$2^{82589933} - 1$ は 51 番目に発見されたメルセンヌ素数である (51 番目に小さいメルセンヌ素数であるかどうかは確定していない)。

ここで、$2^p - 1$ が素数であるとき p は素数であることに注意しておく。合成数 $n = lm$ (l, m : 1 より大きい整数) に対して、

$$2^n - 1 = 2^{lm} - 1 = (2^l)^m - 1 = (2^l - 1)(2^{l(m-1)} + \cdots + 1),$$
$$2^l - 1 > 2^1 - 1 = 1, \qquad 2^{l(m-1)} + \cdots + 1 \geqq 2^{2 \cdot 1} + 1 > 1$$

により、$2^n - 1$ は合成数になるからである。

巨大素数の多くがメルセンヌ素数から発見されてきたが、その判定は、次の**リュカ=レーマー判定法**というメルセンヌ数に対する素数判定法によっている。[注1]

$p \, (\neq 2)$ が素数のとき、$M = 2^p - 1$ が素数となるための必要十分条件は、$S_0 = 4$, $S_{n+1} = S_n^2 - 2$ で定義される数列 (S_n) について、S_{p-2} が M で割り切れることである。

正の整数 a の正の約数の総和が a の 2 倍になるとき、a を**完全数**と呼ぶ。メルセンヌ素数 $2^n - 1$ と偶数の完全数 a は、$a = 2^{n-1}(2^n - 1)$ という関係式により、もれも重複もなく対応している。例えば、メルセンヌ素数 $2^2 - 1 = 3$, $2^3 - 1 = 7$, $2^5 - 1 = 31$, $2^7 - 1 = 127$ は、偶数の完全数 6, 28, 496, 8128 に対応している。なお、奇数の完全数の存在と、メルセンヌ素数と完全数が無限に存在するかどうかは知られていない。

注1) 証明には平方剰余の相互法則 (⇒p.137) などの深い数論の定理を使う。また、この判定法では計算機上の効率的な実装があるため、他の素数判定法よりも多くの巨大素数が見つかっている。

素数のみからなる 公差が2の等差数列

理論 初等整数論	理論の難しさ	🎓🎓🎓🎓🎓	大学3年生以上
テーマ 等差素数列	クイズの対象	🎓🎓🎓🎓🎓	高校1〜2年生

大学入試対策 ▶ 素数のみからなる公差2の等差数列の項数の最大値として正しいものを，次の **A〜D** から選べ。

A 3個   **B** 4個   **C** 5個   **D** 6個

復習
- 数列 (a_n) において，隣り合う2項の差 $a_{n+1} - a_n$ が一定値 d であるとき，(a_n) を**公差 d の等差数列**と呼ぶ。
- 公差 d の等差数列 (a_n) の第 n 項は

$$a_n = a_1 + (n-1)d$$

である。

答え **A**

解説 $p, p+2, p+4$ が素数であるとする。

(i) p が 3 の倍数であるとき。p と 3 は素数であるから、$p = 3$ となる。このとき、$p+2 = 5$ と $p+4 = 7$ も素数である。

(ii) p を 3 で割った余りが 1 であるとき。$p+2$ は 3 の倍数であり、$p+2$ と 3 は素数であるから、$p+2 = 3$ となる。このとき、$p = 1$ である。これは、p が素数であることに反する。

(iii) p を 3 で割った余りが 2 であるとき。$p+4$ は 3 の倍数であり、$p+4$ と 3 は素数であるから、$p+4 = 3$ となる。このとき、$p = -1$ である。これは、p が素数であることに反する。

よって、素数のみからなる公差 2 の等差数列で項数が最大のものは、連続する 3 項が 3, 5, 7 に一致することから、$(3, 5, 7)$ である。

理論紹介 係数が互いに素である整数係数の 1 次多項式 $f(x) = ax + b$ に対して、

$$f(n) = an + b \text{ が素数となるような整数 } n \text{ が無限に存在する}$$

という**算術級数の素数定理**が、P・G・ディリクレによって証明されている (1837 年)。

すべての項が素数であり、公差が正の整数である等差数列を、**等差素数列**と呼ぶ。素数 p、正の整数 d に対して、$n-1$ が p で割り切れるとき

$$p + (n-1)d = p\left(1 + \frac{n-1}{p}d\right)$$

は合成数になるから、等差素数列の項数は有限である。B・グリーンと T・タオは、

すべての素数からなる数列は任意の長さの等差数列を含んでいる

という定理を証明した (2004 年)。コンピュータを使った長い等差素数列の探索も行われており、項数 26 の等差素数列が見つかっている (2010 年 4 月現在)。

なお、公差 2 の素数の 2 つ組を**双子素数**と呼ぶ。また、$(p, p+2, p+6)$ または $(p, p+4, p+6)$ の形の素数の 3 つ組を**三つ子素数**と呼ぶ。双子素数、三つ子素数が無限にあるかどうかはわかっていない。

算術級数の素数定理に関連して、V・ブニャコフスキーは、整数係数で最高次の係数が正である 2 次以上の既約多項式 ($\Rightarrow$ p.125) は、すべての整数を代入すると、1 より大きい最大公約数をもつ無限集合か、無限個の素数ができると予想した (1857 年)。

また、W・シェルピンスキーは、

$k \cdot 2^n + 1$ (n : 0 以上の整数) が決して素数とはならないような

正の奇数 k が無限に存在する

という定理を証明した (1960 年)。このような整数 k を**シェルピンスキー数**と呼ぶ。

平方数の和として
表せる素数

理論	代数的整数論	理論の難しさ	🎓🎓🎓🎓🎓 大学 3 年生以上
テーマ	平方剰余	クイズの対象	🎓🎓🎓🎓🎓 中学 3 年生

0 以上のある整数の 2 乗として表せる整数を**平方数**と呼ぶ。素数 2017 は

$$2017 = 9^2 + 44^2$$

と 2 つの平方数の和として表せる。次の **A～D** のうち，このように 2 つの平方数の和として
表せる素数を選べ。

A 2011   **B** 2027   **C** 2029   **D** 2039

平方数の和として表せる素数

答え C

解説　2029 − a^2 が平方数となるような正の整数 a がないか $a = 1$ から調べてみると，$45^2 < 2029 − 1^2 < 46^2$，$2029 − 2^2 = 45^2$ となるから，2029 は平方数の和 $2029 = 2^2 + 45^2$ として表せることがわかる。

理論紹介　P・フェルマーは，素数 $p \, (\neq 2)$ について，

p は 2 つの平方数の和として表せる　$\Longleftrightarrow$　$p \equiv 1 \pmod 4$

が成り立つと予想し，L・オイラーがこれを証明した。

　これは，素数 $p \, (\neq 2)$ について，

$x^2 \equiv -1 \pmod p$ が解をもつ　$\Longleftrightarrow$　$p \equiv 1 \pmod 4$

が成り立つこと（**平方剰余の第 1 補充則**）を使うと証明できる。

　実際，$p \equiv 1 \pmod 4$ のとき，$r^2 \equiv -1 \pmod p$ を満たす整数 r が存在するので，

$$a - rb \equiv a' - rb' \pmod p$$

を満たす 0 以上 $\sqrt{p}$ 未満の整数の相異なる組 $(a, b), (a', b')$ をとると，[注1]

$$(a - a')^2 \equiv r^2(b - b')^2 \equiv -(b - b')^2 \pmod p$$

かつ $0 < (a - a')^2 + (b - b')^2 < 2p$ となるから，$(a - a')^2 + (b - b')^2 = p$ となる（逆の証明は省略）。なお，**ブラーマグプタの恒等式**

$$(x_1{}^2 + y_1{}^2)(x_2{}^2 + y_2{}^2) = (x_1 y_1 + x_2 y_2)^2 + (x_1 y_2 - x_2 y_1)^2$$

により，正の整数は，素因数分解において 4 で割った余りが 3 である素因数の指数が偶数であるならば，平方数の和として表せる（逆も成り立つ）。

　素数 p と互いに素な整数 a について，$x^2 \equiv a \pmod p$ が整数解をもつとき，a は p を法として**平方剰余**であるといい，$(a/p) = 1$ と表す。そうでないとき**平方非剰余**であるといい，$(a/p) = -1$ と表す。オイラーは素数 $p, q \, (\neq 2)$ に対して

$$\left(\frac{p}{q}\right)\left(\frac{q}{p}\right) = (-1)^{\frac{p-1}{2} \cdot \frac{q-1}{2}}$$

が成り立つと予想し，C・F・ガウスがこれを証明した（**平方剰余の相互法則**，1801 年）。その後，立方剰余，4 乗剰余の相互法則が発見され，さらにそれらは**アルティンの相互法則**に一般化された。アルティンの相互法則は，**大域体 K**（有理数体の有限次拡大体など，➡p.053）の**可換拡大体**（ガロア群が可換群となるような拡大体，➡p.057）の様子を K 自身の言葉で記述するという**類体論**において，中心的な役割を果たす。類体論は高木貞治や E・アルティンをはじめとする多くの数学者によって一応の完成を見たが，さらなる一般化に向けた研究が現在盛んに行われている。

[注1]　0 以上 $\sqrt{p}$ 未満の整数の 2 つ組の総数は $(\lfloor \sqrt{p} \rfloor + 1)^2 > p$ である（$\lfloor \sqrt{p} \rfloor$ は $\sqrt{p}$ の整数部分）。

整数を平方数の和として表すときの項数

| 理論 | 加法的整数論 | 理論の難しさ | 🎓🎓🎓🎓🎓 大学 3 年生以上 |
| テーマ | ウェアリングの問題 | クイズの対象 | 🎓🎓🎓🎓🎓 中学 3 年生 |

$5 = 1^2 + 2^2$, $14 = 1^2 + 2^2 + 3^2$ のように，正の整数を平方数 (➡p.136) の和として表すとき，必要になる項の個数の最大値はいくつか。次の **A〜D** から選べ。

A 3個   **B** 4個   **C** 9個   **D** 無限

答え B

解説 平方数の和として表すのに, $2 = 1^2 + 1^2$ は 2 個の, $3 = 1^2 + 1^2 + 1^2$ は 3 個の, $7 = 2^2 + 1^2 + 1^2 + 1^2$ は 4 個の項が必要であるから, 4 個以上の項が必要であることがわかる。4 個で十分であること, つまりすべての正の整数が 4 個の平方数の和として表せることが知られている (後述)。

理論紹介 E・ウェアリングは「すべての正の整数は, 高々 4 個の平方数の和として, 高々 9 個の 3 乗数の和として, 高々 19 個の 4 乗数の和として表される」と予想した (1770 年)。これに関連して, 正の整数を n 乗数の和として表すときに必要になる項の個数の最大値 $g(n)$ を求める問題を**ウェアリングの問題**と呼ぶ。

この予想が出されて間もなく, J・L・ラグランジュは $g(2) = 4$ であることを証明した (1770 年)。その証明の概略は, 次の通りである。**オイラーの 4 平方恒等式**

$$(x_1^2 + x_2^2 + x_3^2 + x_4^2)(y_1^2 + y_2^2 + y_3^2 + y_4^2)$$
$$= (x_1y_1 + x_2y_2 + x_3y_3 + x_4y_4)^2 + (x_1y_2 - x_2y_1 + x_3y_4 - x_4y_3)^2$$
$$+ (x_1y_3 - x_2y_4 - x_3y_1 + x_4y_2)^2 + (x_1y_4 + x_2y_3 - x_3y_2 - x_4y_1)^2$$

により, 高々 4 個の平方数の和として表された整数の積も高々 4 個の平方数の和として表せるから, すべての素数 p が高々 4 個の平方数の和として表されることを示す。$2 = 1^2 + 1^2$ から, $p \neq 2$ とする。p を法として -1 が平方剰余であれば (➡ p.137), $x_1^2 + 1^2 \equiv 0 \pmod{p}$ の整数解が存在する。-1, つまり $p - 1$ が平方非剰余であれば, i が平方剰余, $i + 1$ が平方非剰余となる整数 i が $1 \leqq i < p - 1$ の範囲に存在する。平方非剰余である 2 つの整数の積 $(-1)(i + 1)$ は平方剰余であるから, $x_1^2 + x_2^2 \equiv i + (-1)(i + 1) \equiv -1 \pmod{p}$, つまり $x_1^2 + x_2^2 + 1 \equiv 0 \pmod{p}$ は整数解をもつ。よって, いずれの場合にも, ある整数 d に対して $x_1^2 + x_2^2 + x_3^2 + x_4^2 = pd$ は整数解をもつ。このような d の最小値は 1 であるから (証明は省略), 上記の定理が成り立つ。

J・オイラーは, 不等式 $g(n) \geqq 2^n + \lfloor 1.5^n \rfloor - 2$ を示し, 実際は等号が成り立つと予想した (1772 年頃)。また, D・ヒルベルトは, 2 以上の各整数 n に対して $g(n) < \infty$ であることを証明した (1909 年)。その後, $g(3) = 9$, $g(4) = 19$, $g(5) = 37$, $g(6) = 73$ であることが証明されている (それぞれ 1909 年, 1986 年, 1964 年, 1940 年)。

2 より大きい多くの整数 n に対して, ほとんどすべての整数が $g(n)$ より少ない個数の n 乗数の和として表せることがわかっている。例えば, 現在知られている中で, 4 個の 3 乗数の和として表すことのできない最大の整数は 7373170279850 である。ほとんどすべての正の整数を高々 s 個の n 乗数の和として表すことができるような整数 s の最小値 $G(n)$ を求める問題もウェアリングの問題と呼ぶ。$G(3) \leqq 7$ であることはわかっているが, $G(3)$ の値はまだ求められていない。

10を正の整数の和として表す場合の数

理論	加法的整数論	理論の難しさ	大学3年生以上
テーマ	分割数	クイズの対象	中学3年生

整数4は

$$4, \quad 3+1, \quad 2+2, \quad 2+1+1, \quad 1+1+1+1$$

のように，5通りの正の整数の和として表せる。10を正の整数の和として表す方法は何通りあるか。次の**A**~**D**から選べ。ただし，表す方法の数は，順序の異なるものを同一視して数えることとする。

A 15通り **B** 22通り **C** 30通り **D** 42通り

答え **D**

解説　10 を正の整数の和として表す方法は，順序の異なるものを同一視して考えると

$10 = 9+1 = 8+2 = 8+1+1 = 7+3 = 7+2+1 = 7+1+1+1 = 6+4 = 6+3+1 =$
$6+2+2 = 6+2+1+1 = 6+1+1+1+1 = 5+5 = 5+4+1 = 5+3+2 = 5+3+1+1 =$
$5+2+2+1 = 5+2+1+1+1 = 5+1+1+1+1+1 = 4+4+2 = 4+4+1+1 = 4+3+3 =$
$4+3+2+1 = 4+3+1+1+1 = 4+2+2+2 = 4+2+2+1+1 = 4+2+1+1+1+1 =$
$4+1+1+1+1+1+1 = 3+3+3+1 = 3+3+2+2 = 3+3+2+1+1 =$
$3+3+1+1+1+1 = 3+2+2+2+1 = 3+2+2+1+1+1 = 3+2+1+1+1+1+1 =$
$3+1+1+1+1+1+1+1 = 2+2+2+2+2 = 2+2+2+2+1+1 = 2+2+2+1+1+1+1 =$
$2+2+1+1+1+1+1+1 = 2+1+1+1+1+1+1+1+1 = 1+1+1+1+1+1+1+1+1+1$

の 42 通りある。

理論紹介　正の整数 n を正の整数の和として表す方法を n の **分割** と呼ぶ。n の分割の総数 (順序の異なるものを同一視) を n の **分割数** と呼び，$p(n)$ で表す。項の最大値が r である n の分割の総数を $p(n, r)$，項の個数が r である n の分割の総数を $p'(n, r)$ とおくと，$p(n) = \sum_{r=1}^{n} p(n, r) = \sum_{r=1}^{n} p'(n, r)$ となる。また，n 個の箱が r 列に分かれて並んだ配列 (**ヤング図形** と呼ぶ，➡右図) を横から見ると，横に最大 r 個の箱が並んだ配列 (**共役ヤング図形** と呼ぶ) が得られることから，$p(n, r) = p'(n, r)$ であることがわかる。

L・オイラーは，分割数が無限積 (➡p.065) の展開

$$\prod_{n=1}^{\infty} \frac{1}{1 - x^n} = 1 + \sum_{n=1}^{\infty} p(n)x^n \quad \cdots ①$$

の係数に現れることを発見した (数列 (a_n) を用いて $f(x) = \sum_{n=1}^{\infty} a_n x^n$ とべき級数展開される関数 $f(x)$ を (a_n) の **母関数** と呼ぶ)。オイラーは，これを **五角数定理**

$$\prod_{n=1}^{\infty}(1 - q^n) = \sum_{n=-\infty}^{\infty} (-1)^n q^{\frac{n(3n-1)}{2}} \quad (|q| < 1)$$

と合わせることで，

$$p(n) = p(n-1) + p(n-2) - p(n-5) - p(n-7) + p(n-12) + p(n-15) - \cdots$$

という公式を証明した。これを用いると，$p(10)$ は $p(3), p(5), p(8), p(9)$ の値を使って $p(10) = p(9) + p(8) - p(5) - p(3) = 30 + 22 - 7 - 3 = 42$ と計算できる。

G・ハーディーと S・ラマヌジャンは，① と複素解析の積分公式を合わせて，

$$\lim_{n \to \infty} \frac{p(n)}{e^{\pi \sqrt{\frac{2n}{3}}} / 4n\sqrt{3}} = 1$$

が成り立つことを示した (1918 年)。

1兆以下の 素数の個数

理論	解析的整数論	理論の難しさ	🎓 🎓 🎓 🎓 🎓 大学3年生以上
テーマ	素数定理	クイズの対象	🎓 🎓 🎓 🎓 🎓 高校1〜2年生

1000 以下の素数は約 $10^3/6.25$ 個，100 万以下の素数は約 $10^6/12.5$ 個，10 億以下の個数は約 $10^9/18.75$ 個である。1 兆以下の素数は何個あると考えられるか。次の A〜D から選べ。

A 約100億個   **B** 約200億個   **C** 約400億個   **D** 約800億個

■ 答え **C**

■ 解説　正の数 x を x 以下の素数の個数にうつす関数 $\pi(x)$ を**素数計数関数**と呼ぶ。
$$10^3/\pi(10^3) \fallingdotseq 6.25 \cdot 1, \quad 10^6/\pi(10^6) \fallingdotseq 6.25 \cdot 2, \quad 10^9/\pi(10^9) \fallingdotseq 6.25 \cdot 3$$
から，数列 $(10^{3m}/\pi(10^{3m}))$ は等差数列に近い増大の仕方をすると考えられる。
$$10^{12}/\pi(10^{12}) \fallingdotseq 6.25 \cdot 4 = 25$$
と見積もることができるから，$\pi(10^{12}) \fallingdotseq 10^{12}/25 = 4 \cdot 10^{10}$ である。[注1)]

■ 理論紹介　C・F・ガウスと A・M・ルジャンドルは，
$$\lim_{x \to \infty} \frac{\pi(x)}{x/\log x} = 1$$
が成り立つと予想した。これは，大まかに言えば，$\pi(x)$ が $x/\log x$ で近似できるという意味である。$\pi(x)/(x/\log x) \fallingdotseq 1$ とすると，$x/\pi(x) \fallingdotseq \log x$ となるから，
$$10^n/\pi(10^n) \fallingdotseq \log(10^n) = n \log 10 \fallingdotseq 2.303n$$
という近似が得られる。

P・チェビシェフは，$x \to \infty$ のとき $\pi(x)/(x/\log x)$ が収束するならば極限値は1でなければならないことを示し，その結果を使って，

すべての正の整数 n に対して，$n < p \leq 2n$ を満たす素数 p が存在する

という予想を証明した (**ベルトラン=チェビシェフの定理**，1850 年)。

J・アダマール，C・J・ド・ラ・ヴァレー・プーサンは，独立にガウスとルジャンドルの予想を証明した (**素数定理**，1896 年)。彼らの証明はリーマン・ゼータ関数 (➡ p.065) の性質と複素解析 (➡ p.085) の公式を使う高度なものであったが，A・セルバーグ，P・エルデシュは独立に初等的な証明を与えた (1949 年)。

素数定理は
$$\lim_{x \to \infty} \frac{\pi(x)}{\mathrm{Li}(x)} = 1 \quad \left(\mathrm{Li}(x) = \int_2^x \frac{dx}{\log x} \right)$$
と表すこともできる。H・フォン・コッホは，$\pi(x) = \mathrm{Li}(x) + O(\sqrt{x}\log x)$ であること (x が十分大きければ，$\pi(x)$ と $\mathrm{Li}(x)$ のずれは $\sqrt{x}\log x$ の定数倍より小さいという意味) と，リーマン予想の成立は同値であることを証明した (1901 年)。現在，素数の分布に関する謎の解明に向けて，ゼータ関数の研究が活発に行われている。

なお，$\pi(x) < \mathrm{Li}(x)$ が成り立つと予想されていたが，J・リトルウッドは $\pi(x) > \mathrm{Li}(x)$ を満たす正の整数 x の存在を示した (1914 年)。$\pi(x) > \mathrm{Li}(x)$ を満たす最小の正の整数を**スキューズ数**と呼ぶが，その正確な値はまだ求められていない。

注1) クイズでは簡単のために値を「デフォルメ」してある。実際には，$\pi(10^{12}) = 37607912018$ である。

無理数を無限に続く分数で表す方法

理論	無理数論	理論の難しさ	🎓🎓🎓🎓🎓 大学 3 年生以上
テーマ	連分数	クイズの対象	🎓🎓🎓🎓🎓 高校 1~2 年生

　黄金数 $\varphi = (1 + \sqrt{5})/2$ は，$\varphi^2 - \varphi - 1 = 0$ の解であるので，$(\varphi + 1)(\varphi - 1) = \varphi$ から，$\varphi = 1 + \varphi/(\varphi + 1)$，よって

$$\varphi = 1 + \cfrac{1}{1 + \cfrac{1}{\varphi}} = 1 + \cfrac{1}{1 + \cfrac{1}{1 + \cfrac{1}{\varphi}}} = \cdots = 1 + \cfrac{1}{1 + \cfrac{1}{1 + \cfrac{1}{1 + \cfrac{1}{\ddots}}}}$$

と表せる。それでは，$\omega = \sqrt{5}$ はどのように表せるか。次の **A~D** から選べ。

A $\quad \omega = 1 + \cfrac{1}{2 + \cfrac{1}{2 + \cfrac{1}{2 + \cfrac{1}{\ddots}}}}$

B $\quad \omega = 1 + \cfrac{1}{1 + \cfrac{1}{2 + \cfrac{1}{1 + \cfrac{1}{\ddots}}}}$

C $\quad \omega = 2 + \cfrac{1}{4 + \cfrac{1}{4 + \cfrac{1}{4 + \cfrac{1}{\ddots}}}}$

D $\quad \omega = 2 + \cfrac{1}{2 + \cfrac{1}{4 + \cfrac{1}{2 + \cfrac{1}{\ddots}}}}$

答え C

解説 $\omega = \sqrt{5}$ は $\omega^2 = 5$ の解であるので, $(\omega+2)(\omega-2)=1$ から,

$$\omega = 2 + \cfrac{1}{2+\omega} = 2 + \cfrac{1}{4 + \cfrac{1}{2+\omega}} = \cdots = 2 + \cfrac{1}{4 + \cfrac{1}{4 + \cfrac{1}{4 + \cfrac{1}{\ddots}}}}$$

と表せる。

理論紹介 分母にさらに分数が含まれるような分数を**連分数**と呼ぶ。特に,

$$a_0 + \cfrac{1}{a_1 + \cfrac{1}{a_2 + \cfrac{1}{\ddots}}}$$

のように分子がすべて1である連分数を**正則連分数**と呼び, $[a_0; a_1, a_2, \cdots]$ で表す。また, 数が循環して現れる正則連分数

$$[a_0; a_1, \cdots, a_m, a_{m+1}, \cdots, a_{m+l}, a_{m+1}, \cdots, a_{m+l}, a_{m+1}, \cdots, a_{m+l}, \cdots]$$

を**循環連分数**と呼び, $[a_0; a_1, \cdots, a_m, \dot{a}_{m+1}, \cdots, \dot{a}_{m+l}]$ で表す。

実数 ω の正則連分数展開 $\omega = [a_0; a_1, a_2, \cdots]$ は, 次の操作で求められる。

(i) $\omega = \omega_0$ 以下の最大の整数を a_0 とおく。

(ii) $n \geqq 0$ のとき, $\omega_n = a_n$ ならば操作を終了し, そうでなければ $\omega_n - a_n$ の逆数 ω_{n+1} 以下の最大の整数を a_{n+1} とおく。

この操作は, ω が有理数ならば有限回で終わり (**有限連分数**), 無理数ならば無限に続く (**無限連分数**)。互いに素な正の整数 a, b について, a/b の正則連分数展開は, ユークリッドの互除法の計算から得られる。L・オイラー, J・L・ラグランジュは,

ω は循環連分数として表せる

$\iff$ ω は有理数を係数とする 2 次方程式の無理数解である

という定理を証明した。

実数 ω の正則連分数展開 $\omega = [a_0; a_1, a_2, \cdots]$ を途中で止めて得られる有限連分数を $[a_0; a_1, \cdots, a_n] = p/q$ と既約分数で表したとき $|\omega - p/q| < 1/q^2$ が成り立つ (このような既約分数による近似を**ディオファントス近似**と呼ぶ)。これは, 次のような応用をもつ: 平方数でない整数 d に対して, $\sqrt{d}$ は $\sqrt{d} = [a_0; a_1, \cdots, a_r, 2a_0]$ の形に表されるが, $[a_0; a_1, \cdots, a_r] = p/q$ (既約分数) とすると, $(x, y) = (p, q)$ は**ペル方程式** $x^2 - dy^2 = 1$ の**最小解** ($x + y\sqrt{d}$ の値が最小である正の整数解) となる。

0,1以外の実数の無理数乗はすべて無理数か

理論	無理数論	理論の難しさ 🎓🎓🎓🎓🎓	大学3年生以上
テーマ	ゲルフォント＝シュナイダーの定理	クイズの対象 🎓🎓🎓🎓🎓	高校1〜2年生

大学入試対策 ▶ 次の2つの命題の真偽について正しいものを，下の **A〜D** から選べ。

①　0, 1以外の有理数の無理数乗は無理数である。

②　無理数の無理数乗は無理数である。

A　①も②も正しい

B　①は正しいが，②は正しくない

C　①は正しくないが，②は正しい

D　①も②も正しくない

復習
・正の数 a について，a の有理数乗は累乗根

$$a^{\frac{m}{n}} = \sqrt[n]{a^m} \quad (m, n : 整数, \ n > 0)$$

で，a の実数乗は極限

$$a^b = \lim_{n \to \infty} a^{b_0.b_1 \cdots b_n} \quad (b = b_0.b_1 \cdots b_n \cdots)$$

で定義される。

・$a > 0$ のとき，任意の実数 p, q に対して，**指数法則**

$$a^p a^q = a^{p+q}, \quad (a^p)^q = a^{pq}, \quad (ab)^p = a^p b^p$$

が成り立つ。

■ 答え　**B**

■ 解説　① について：A・ゲルフォントと T・シュナイダーによって，正しいことが証明されている（後述）。

② について：$a = \sqrt{2}^{\sqrt{2}}$ とおくと，次の議論により，$a, a^{\sqrt{2}}$ の少なくとも一方は無理数の無理数乗として表される有理数になることがわかる（実際は a は無理数，後述）。

- a が有理数である場合。$\sqrt{2}$ は無理数だから，a は無理数の無理数乗として表される有理数になる。

- a が無理数である場合。

$$a^{\sqrt{2}} = (\sqrt{2}^{\sqrt{2}})^{\sqrt{2}} = (\sqrt{2})^{\sqrt{2} \cdot \sqrt{2}} = (\sqrt{2})^2 = 2$$

は無理数の無理数乗として表される有理数になる。

いずれにしても，無理数の無理数乗として表される有理数が存在する。

■ 理論紹介　無理数の発見の歴史は，古代ギリシャまでさかのぼる。ピタゴラスの弟子の，メタポンティオンのヒッパソスは，正方形の1辺に対する対角線の長さの比 $\sqrt{2}$ が，整数でも分数でも表せない未知の数，つまり無理数であることを発見した。$\sqrt{2}$ は $x^2 - 2 = 0$ の解の1つだが，このように，ある有理数係数多項式 $f(x)$ について $f(x) = 0$ の解である複素数を**代数的数**と呼ぶ。

これに対して，J・リウヴィルは

$$\sum_{n=1}^{\infty} \frac{1}{10^{n!}} = \frac{1}{10} + \frac{1}{10^2} + \frac{1}{10^6} + \frac{1}{10^{24}} + \frac{1}{10^{120}} + \cdots + \frac{1}{10^{n!}} + \cdots$$

のような数が代数的数でないことを発見した（1844年）。このように，代数的数でない複素数を**超越数**と呼ぶ。その後，ネイピア数 e の超越性が C・エルミートによって（1873年），円周率 π の超越性が F・フォン・リンデマンによって（1882年），それぞれ証明された。π の超越性から，ギリシャの三大作図問題の1つである**円積問題**「定規とコンパスだけで与えられた円と同じ面積をもつ正方形を作図できるか」が，否定的に解決された。

ほとんどすべての複素数は超越数であることが知られているが，与えられた実数が無理数であるかどうか，あるいは与えられた複素数が超越数であるかどうかの判定は非常に難しい問題である。この問題は，**ヒルベルトの第7問題**として提出された。ゲルフォントとシュナイダーは次の定理を独立に証明し，その帰結として $2^{\sqrt{2}}$ や $\sqrt{2}^{\sqrt{2}}$ といった実数が無理数であることを示した（1934年）。

0でも1でもない代数的数 α と，有理数でない代数的数 β に対して，
α^β は超越数である。

しかし，$\pi + e$ のような実数が無理数であるかどうかは，依然として不明である。

辺の長さが有理数である直角三角形の面積

理論	数論幾何学	理論の難しさ	🎓🎓🎓🎓🎓 大学 3 年生以上
テーマ	合同数	クイズの対象	🎓🎓🎓🎓🎓 中学 3 年生

辺の長さがすべて有理数である直角三角形の面積に一致する整数のうち，最小の値はどれか。次の **A**〜**D** から選べ。

A 2   **B** 3   **C** 5   **D** 6

■**答え**　**C**

■**解説**　辺の長さがすべて有理数である直角三角形の面積の値を**合同数**と呼ぶ。
　6 は，1 辺の長さが 3, 4, 5 の直角三角形の面積であるから，合同数である。5
も，1 辺の長さが 3/2, 20/3, 41/6 の直角三角形の面積であるから，合同数である。
　1, 2, 3, 4 は合同数でないことが証明されているので (証明は省略)，5 が整数の中で
最小の合同数である。[注1]

■**理論紹介**　整数の合同数 n は，$a^2 + b^2 = c^2$ を満たす正の有理数 a, b, c を用いて
$n = ab/2$ と表せる正の整数 n である。$x = n(a+c)/b$，$y = 2n^2(a+c)/b^2$ とお
くと，正の整数 n が合同数であるためには

$$y^2 = x^3 - n^2 x$$

が無限個の有理数解をもつことが必要十分であることがわかる。一般に，3 次方程式
$y^2 = x^3 + ax + b$ $(4a^3 + 27b^2 \neq 0)$ で表される曲線 E を**楕円曲線**と呼ぶ。[注2]
　J・タネルは，注目に値する，次の定理を示した (1983 年)。平方数を約数としても
たない正の整数 n に対して，整数 A_n, B_n, C_n, D_n を

$$A_n = \#\{(x, y, z) \in \mathbb{Z}^3 | n = 2x^2 + y^2 + 32z^2\},$$
$$B_n = \#\{(x, y, z) \in \mathbb{Z}^3 | n = 2x^2 + y^2 + 8z^2\},$$
$$C_n = \#\{(x, y, z) \in \mathbb{Z}^3 | n = 8x^2 + 2y^2 + 64z^2\},$$
$$D_n = \#\{(x, y, z) \in \mathbb{Z}^3 | n = 8x^2 + 2y^2 + 16z^2\}$$

で定めるとき，n が奇数の合同数ならば $2A_n = B_n$ が，n が偶数の合同数ならば
$2C_n = D_n$ が成り立つ。さらに，**バーチ=スウィナートン・ダイアー予想** (**BSD 予想**)
と呼ばれる楕円曲線に関する予想が正しければ，合同数はタネルの定理の条件を満た
すものに限る。

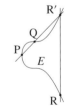

　xy 平面上で x 座標も y 座標も有理数である点を**有理点**と呼ぶ。楕
円曲線 E の有理点全体に無限遠点 ∞ を付け加えた集合 $E(\mathbb{Q})$ は，E の
有理点 P, Q に直線 PQ と E の交点 R′ の x 軸に関する対称点 R を対
応させる演算 P + Q = R に関して，可換群 (➡p.043) をなす (➡右図)。
ただし，P = Q のときは直線 PQ として E の点 P における接線を考
え，PQ が y 軸に平行なときは P + Q = ∞ と定める。楕円曲線は数論の
極めて重要な研究対象であり，活発に研究されている。また，**楕円曲線暗号**と呼ばれ
る暗号系が実用化され，情報化社会の中でも役立てられている。

注1) 1 が合同数でないことは，$x^4 - y^4 = z^2$ が正の整数解をもたないことと本質的に同値である。

注2) 楕円曲線は，楕円の弧長を求める問題を名の由来にもち，楕円そのものではない。

差が1である
べき乗数の組合せ

理論	数論幾何学	理論の難しさ	🎓🎓🎓🎓🎓 大学3年生以上
テーマ	カタラン予想	クイズの対象	🎓🎓🎓🎓🎓 中学3年生

x, y, m, n の方程式

$$x^m - y^n = 1 \quad (x,\ y \geqq 1,\ m,\ n > 1)$$

の整数解は何個あるか。正しいものを，次の **A**〜**D** から選べ。

A 0個 **B** 1個 **C** 2個 **D** 無限個

■**答え** **B**

■**解説** $3^2 - 2^3 = 1$ から，$(x, y, m, n) = (3, 2, 2, 3)$ は $x^m - y^n = 1 \ (x, y \geq 1, \ m, n > 1)$ の整数解である。これ以外に整数解のないことが証明されている（後述）。

■**理論紹介** 整数を係数とする多変数方程式 $f(x_1, \cdots, x_r) = 0$ の整数解または有理数解を求める問題において，その方程式を**ディオファントス方程式**と呼ぶ。

「ディオファントス方程式が解をもつか否かの一般的で有限的な判定法を求めよ」という問題は，**ヒルベルトの第10問題**として提出され，Y・マチャセビッチのフィボナッチ数列 (➡p.037) を応用した巧みな証明によって否定的に解決された (1970 年)。この結果から，ディオファントス方程式を解く問題は，方程式の形に応じて個々の考察が必要な，非常に難しい問題であると言える。

方程式 $x^2 + y^2 = z^2$ は無限個の正の整数解

$$(x, y, z) = (i^2 - j^2, 2ij, i^2 + j^2), \ (2ij, i^2 - j^2, i^2 + j^2) \quad (i, j \in \mathbb{Z}, \ i > j > 0)$$

をもち，その解は**ピタゴラス数**と呼ばれる。その一方で，P・フェルマーは，

$n \geq 3$ のとき，$x^n + y^n = z^n$ は正の整数解をもたない

という事実を発見して，本の余白に「私はこの定理に関して驚くべき証明を見つけたが，この余白はそれを書くには狭すぎる」と書き残したが，証明を明らかにすることなくこの世を去った。この定理は，彼が本の余白に書き残した定理のうち証明が付けられずに残った最後の定理になったため，**フェルマーの最終定理**または**フェルマー予想**と呼ばれるようになった。フェルマーの死後 330 年が経ってようやく，A・ワイルズが R・テイラーの助けを借りて，この定理の完全な証明を与えた (1995 年)。その証明は，有理数体上のすべての楕円曲線 (➡p.149) が**モジュラー形式**と呼ばれる一種の複素関数 (➡p.085) と結び付くことを主張する**志村=谷山予想**を部分的に解決することでなされた。

$x^m - y^n = 1$ は x, y のディオファントス方程式が無限に多く集まったものと解釈でき，このような方程式の整数解，有理数解を求めることも数論の重要な研究課題である。$x^m - y^n = 1, \ m, n > 1$ の正の整数解が $(x, y, m, n) = (3, 2, 2, 3)$ に限ることは，E・カタランにより予想され (**カタラン予想**，1844 年)，**円分体** (有理数体に 1 のべき乗根を付け加えた体，➡p.053) の理論を使って P・ミハイレスクにより証明された (2002 年)。

なお，望月新一により近年証明が発表された **abc 予想**から，[注1)]ディオファントス方程式に関するさまざまな結果を導くことができる。

注1) abc予想は，任意の正の数 ε に対して，$a + b = c >$ (abc の互いに異なる素因数の積)$^{1+\varepsilon}$ を満たす正の整数 $a, b, c \ (a, b：互いに素)$ の組は高々有限個しかないことを主張する。

Chapter

7

MATHEMATICS

離散数学編

一筆書きができる図形

理論	グラフ理論	理論の難しさ	🎓🎓🎓🎓**🎓** 大学 1〜2 年生
テーマ	オイラー・グラフ	クイズの対象	**🎓**🎓🎓🎓🎓 中学 3 年生

次の **A〜D** のうち，一筆書きできる図形を選べ。

A

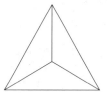

B

C

D

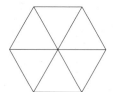

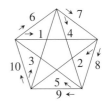

答え **C**

解説 Cは，一筆書きでかくことができる (➡右図)。
A, B, Dは，それぞれ奇数本の辺が集まった頂点を
4個, 4個, 6個もつから，一筆書きできない (後述)。

理論紹介 L・オイラーは，4つの地区に架けられた7つの橋を1回ずつ通ってケーニヒ
スベルクの街を1周するという問題を，図の一筆書きができないことを証明
することで，否定的に解決した (1736年, ➡下図)。

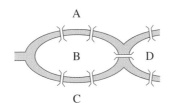
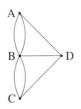

　この問題では，それぞれの地区の面積や橋の幅などの情報は不要であり，どの地区
とどの地区が橋で結ばれているかという位置関係が重要であるから，それぞれの地区
を点に，2つの地区に架けられた橋を線に置き換えた図を考えたのである。このように，
頂点と辺からなる平面図形を**平面グラフ**と呼ぶ。平面グラフにおいて，頂点に接する
辺の本数をその頂点の**次数**と呼ぶ。断りのない限り，辺を曲げたり伸縮したりして重
なる平面グラフは同じ平面グラフとみなす。
　平面グラフのすべての辺を1度だけ通る経路を**オイラー路**，出発点に戻るオイラー
路を**オイラー閉路**と呼ぶ。オイラー閉路をもつ平面グラフを**オイラー・グラフ**，閉路
でないオイラー路をもつ平面グラフを**準オイラー・グラフ**と呼ぶ。一筆書きできる図
形は，オイラー・グラフ，または準オイラー・グラフと同一視できる。オイラーは，ケー
ニヒスベルクの橋渡りの問題を解くために，

Gがオイラー・グラフ ⟺ Gのすべての頂点の次数が偶数，
Gが準オイラー・グラフ ⟺ Gの次数が奇数である頂点の個数は2

という定理を証明した。特に，次数が奇数である頂点をちょうど
2個もつグラフは，その一方の頂点を出発点，他方の頂点を終着
点とする一筆書きができる (➡右図)。

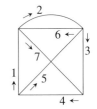

　グラフ理論は比較的新しい理論であるが，近年目覚ましい発展
を遂げており，ネットワークのデータ分析や最短経路の探索など，
現代社会のさまざまな問題の解決に役立てられている。

地図の塗り分けに
必要な色の数

理論	グラフ理論	理論の難しさ	🎓🎓🎓🎓🎓 大学 3 年生以上
テーマ	彩色問題	クイズの対象	🎓🎓🎓🎓🎓 中学 3 年生

　平面上にかかれた地図を塗り分けるとき，必要になる色の数は最大でいくつか。次の **A**〜**D** から選べ。ただし，塗り分けるとは，隣り合う領域 (境界線の一部を共有する領域で，点のみを共有する領域は除く) を異なる色で塗ることを意味する。

A　3　　　　　　　**B**　4　　　　　　　**C**　5　　　　　　　**D**　6

答え　**B**

解説　3つの領域の境界線が1か所に集まっているような場所があれば，その部分で3色が必要である。また，奇数個の領域で囲まれた領域があるとき，4色が必要になる (→ 下図)。4色で十分であることは，K・アッペルとW・ハーケンによって証明されている (**4色定理**，後述)。

理論紹介　「平面上の地図を4色で塗り分けることができるか」という問題を**4色問題**と呼ぶ。平面上の地図は，平面グラフ (→p.155) とみなせる。さらに，各領域の内部に1つずつ点を打ち，隣り合う領域内の点を結ぶことによって得られる平面グラフ (**双対グラフ**と呼ぶ) を考えると，地図の塗り分けはその頂点に色を付けること (**点彩色**と呼ぶ) に対応する (→ 下図)。よって，4色問題は「平面グラフが4色で点彩色可能か」というグラフ理論の問題に帰着される。

　A・ケンプは4色定理の証明を発表したが (1879年)，10年ほど経って証明の不備が発見された。しかし，ケンプの証明の論法をもとにして，平面上の地図を塗り分けるには5色で十分であることが証明された (**5色定理**)。それから約100年が経った頃，アッペルとハーケンはJ・コッホの協力のもと，コンピュータを使って，4色定理を証明した (1976年)。4色定理は，コンピュータを使って証明がなされた最初の定理となった。

　なお，平面上の地図の外縁部は3色で塗り分けられることから，球面上の地図も4色で塗り分けられることが示される。

　また，トーラス上の地図を塗り分けるのに必要な色の数は最大で7であることが証明されており，一般に g 個の穴の開いた閉曲面上にかかれた地図を塗り分けるのに必要な色の数は最大で

$$\left\lfloor \frac{7 + \sqrt{1 + 48g}}{2} \right\rfloor$$

であることが，G・リンゲルとT・ヤングスによって証明されている (1968年)。[注1)]

注1)　$\lfloor a \rfloor$ は a 以下の最大の整数を表す。

美術館に配備すべき 警備員の人数

Question 68 MATHEMATICS

理論	グラフ理論	理論の難しさ	🎓🎓🎓🎓🎓 大学1〜2年生
テーマ	美術館定理	クイズの対象	🎓🎓🎓🎓🎓 中学3年生

　下図のような形の美術館がある。館内には，何人の警備員が必要であるか。その人数として正しいものを，次の **A〜D** から選べ。ただし，警備員はすべての方向を監視できるものとする。

A　1人　　　　**B**　2人　　　　**C**　3人　　　　**D**　4人

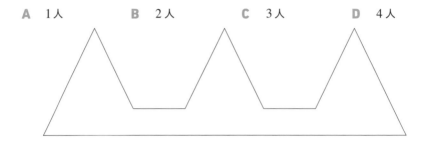

答え C

解説 3人の警備員を配備すればよい
(➡右図)。

**理論
紹介** n 角形の美術館の内部を監視するのに必要な警備員の人数を求める問題を**美術館問題**と呼ぶ。上記のような例から，$\lfloor n/3 \rfloor$ 人の警備員がいないと監視できない n 角形の美術館の存在がわかる。[注1)] V・フバータルは，

$$n \text{角形の美術館の内部は高々} \left\lfloor \frac{n}{3} \right\rfloor \text{人の警備員で監視できる}$$

という定理を証明した (**美術館定理**, 1975 年)。$\lfloor n/3 \rfloor$ 人で十分であることは，対角線を引くことにより n 角形を三角形に分割して，頂点を3色に色分けすることで証明される。実際，青，白，黒の3色を使って，n 角形の辺と，それを三角形に分割するために引いた対角線それぞれについて，両端の頂点が異なる色となるように色分けする (➡右図)。青，白，黒の少なくとも1色について，その色が付けられた頂点の個数は $\lfloor n/3 \rfloor$ 以下である。その色の点に警備員を配置すると分割でできたすべての三角形の範囲を見渡せるから，$\lfloor n/3 \rfloor$ 人以下の警備員で美術館全体を監視できる。

　美術館問題には，さまざまなバリエーションがある。例えば，

$$g \text{個の穴の開いた} n \text{角形の美術館の内部は高々} \left\lfloor \frac{n + g}{3} \right\rfloor \text{人の警備員で監視できる}$$

という予想が立てられている。

　また，美術館定理に関連して，警備員は多角形の頂点に配置されるという設定で，

$$n \text{角形の要塞の外部は高々} \left\lceil \frac{n}{2} \right\rceil \text{人の警備員で監視できる}$$

という興味深い定理が，D・ウッドとJ・オルークにより証明されている (**要塞定理**, 1983 年)。[注2)] さらに，警備員は多角形の頂点に配置され，壁の内側も外側も監視できるという設定で，

$$\text{凸} n \text{角形(凹} n \text{角形)の刑務所の内部と外部は高々} \left\lceil \frac{n}{2} \right\rceil \text{人} \left(\left\lfloor \frac{n}{2} \right\rfloor \text{人} \right) \text{の警備員で監視できる}$$

という定理が，D・クレイトマンとZ・フェレディにより証明されている (**刑務所定理**, 1992 年)。

注1) $\lfloor a \rfloor$ は a 以下の最大の整数を表す。
注2) $\lceil a \rceil$ は a 以上の最小の整数を表す。

Question
69
MATHEMATICS

距離が1以下である 2点の存在

理論 グラフ理論	**理論の難しさ** 🎓🎓🎓🎓🎓	大学1〜2年生
テーマ 鳩の巣原理	**クイズの対象** 🎓🎓🎓🎓🎓	中学3年生

1辺の長さが2の正三角形上に，無作為にいくつかの点を置く。何個の点があれば，

2点間の距離が1以下である2点がある

と確実に言えるか。次の **A〜D** から最小の個数を選べ。

| **A** 3個 | **B** 4個 | **C** 5個 | **D** 6個 |

答え C

解説 1辺の長さが2の正三角形を、辺の中点を結ぶことで、4個の小三角形に分ける（➡右図）。このとき、1個の小三角形上にある2点間の距離は1以下である。5個以上の点があれば、どれか1個の小三角形には2個以上の点が入るから、距離が1以下である2点が存在する。

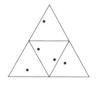

理論紹介 クイズを解く際に、

n + 1 個のものを n 種類に分けるとき、少なくとも 2 個は同じ種類に属する

という定理を使った。一般に、

m 個のものを n 種類に分けるとき、

m > n ならば、少なくとも 2 個は同じ種類に属する

という**鳩の巣原理**が成り立つ。この定理は、どれがどの種類に属するかという具体的な情報を与えるものではないが、存在に関するさまざまな定理の証明に利用されている。

　例えば、g 進法で、すべての有理数 m/n（m, n：整数、$n > 0$）は有限小数または循環小数であることが、次のように証明できる。m を n で割り算して、割り切れない場合、余りの g 倍を n で割るという操作を繰り返す。

(i) この操作が有限回で終了する場合、a は有限小数となる。

(ii) この操作が有限回で終了しない場合、a は循環小数となる。実際、整数が n で割り切れない場合、余りの可能性は $1, \cdots, n-1$ の $n-1$ 通りある。上記の操作が無限に続くとしても、最初の n 回の割り算の余り n 個のうち少なくとも2個は等しくなって、a は循環小数となる。

　また、P・G・ディリクレは、鳩の巣原理を使って、

無理数 ω に対して、

$$\left| \omega - \frac{p}{q} \right| < \frac{1}{q^2}$$ **を満たす互いに素な整数 p, q の組が無限個存在する**

という定理を証明した（**ディリクレのディオファントス近似定理**、1842 年）。この定理を使うと、ペル方程式 $x^2 - dy^2 = 1$（d：平方数でない整数）の整数解の存在を証明できる。

知り合いの3人組か 初見の3人組がいる人数

理論	グラフ理論	理論の難しさ	🎓🎓🎓🎓🎓 大学1〜2年生
テーマ	ラムゼー数	クイズの対象	🎓🎓🎓🎓🎓 中学3年生

　何人いれば，互いに知り合いである3人組か，互いに知り合いでない3人組が常に存在すると言えるか。次の **A**〜**D** から最小の人数を選べ。

A 4人	**B** 5人	**C** 6人	**D** 7人

答え C

解説 人を正多角形の頂点に対応させて考える。2人が知り合いである, 知り合いでないに応じて, 対応する頂点を結ぶ辺または対角線を, それぞれ青い線, 黒い線で結ぶことにする。

3人, 4人, 5人の場合は, 反例が考えられる (➡下図)。

6人でできることは, 正六角形を使って, 次のように証明できる (全通りを書き出す必要はない)。1つの頂点 A からは5本の線が出ているから, 青い線, 黒い線のどちらかは3本以上ある。

(I) A から B, C, D に向かって青い線が出ている場合 (➡右図)。

　(i) BC が青い線の場合。△ABC が青い三角形になる。

　(ii) BD が青い線の場合。△ABD が青い三角形になる。

　(iii) CD が青い線の場合。△ACD が青い三角形になる。

　(iv) (i)～(iii)のいずれでもない場合。△BCD が黒い三角形になる。

(II) A から B, C, D に向かって黒い線が出ている場合。(I)と同様の議論により, 黒い三角形, または青い三角形が存在する。

理論紹介 ベイズ統計学 (➡p.103) の提唱者としても知られる数学者 F・ラムゼーは, 鳩の巣原理 (➡p.161) の一般化とも言える,

与えられた正の整数 p と m 個の p 以上の整数 $n_1, \cdots, n_m$ に対して, 次のような正の整数 R が存在する:R 個の要素からなる集合 X の p 個の要素からなる部分集合全体を互いに共通部分をもたない m 個の集合 $C_1, \cdots, C_m$ に分けると, ある番号 i に対して, n_i 個の要素からなる X の部分集合 Y で, p 個の要素からなる Y のどの部分集合も C_i に属するものが存在する

という定理を証明した (**ラムゼーの定理**, 1930 年)。この定理において, 条件を満たす最小の正の整数 R を**ラムゼー数**と呼び, $R(p; n_1, \cdots, n_m)$ で表す。鳩の巣原理により, $R(1; n, \cdots, n) = m(n-1) + 1$ である。クイズで示したのは $R(2; 3, 3) = 6$ であるが, ラムゼー数を求めるのは非常に難しく, 決定されているラムゼー数は少ない。

ラムゼーの定理に関する組合せ論は, **ラムゼー理論**と呼ばれ, 情報科学などに応用されている。

都道府県庁所在地を巡る旅の最短の経路

理論	グラフ理論	理論の難しさ	🎓🎓🎓🎓🎓 大学3年生以上
テーマ	巡回セールスマン問題	クイズの対象	🎓🎓🎓🎓🎓 高校1〜2年生

　全国47都道府県の都道府県庁所在地をちょうど1回ずつ通って出発点に戻る最短経路の長さを求めたい。2つの都市間の距離はすべてわかっており，1秒で1つの経路の長さが計算できるとき，休みなく総当たりですべての経路の長さを計算するとどのくらいの時間がかかるか。正しいものを，次の **A〜D** から選べ。

A 　約85億年

B 　約85億×1京年

C 　約85億×1京×1京年

D 　約85億×1京×1京×1京年

答え　D

解説　47都市をちょうど1回ずつ通って出発点に戻る経路は，どの都市からもどの都市へ向けても出発してよいことから，$47! \div 2 \div 47 = 46!/2$ 通りある。十の位に着目すると，$46!/2 > 2 \cdot 4 \cdot 5 \cdot 10^{10} \cdot 20^{10} \cdot 30^{10} \cdot 40^7 = 4^3 \cdot 12^{10} \cdot 10^{38} > 4 \times 10^{49}$ である。1年は $365 \times 24 \times 60 \times 60 = 31536000$ 秒で，4×10^7 秒より短いから，

$$(4 \times 10^{49})/(4 \times 10^7) = 10^{42} = 100\,億 \times 1\,京 \times 1\,京\,(年)$$

より長い時間がかかることがわかる。なお，**スターリングの公式**

$$\lim_{n \to \infty} \frac{n!}{\sqrt{2\pi n}(n/e)^n} = 1$$

を使った評価などにより，

$$46!/2\,秒 ≒ 2.8 \times 10^{57}\,秒 ≒ 85\,億 \times 1\,京 \times 1\,京 \times 1\,京年$$

であることがわかる。

理論紹介　所定の道を少なくとも1回ずつ通って出発点に戻る最短経路を求める問題を，**中国人郵便配達問題**と呼ぶ。これは，計算複雑性理論で P と呼ばれるクラスに属し，問題例の数の多項式として表される時間 (**多項式時間**と呼ぶ) で解く方法がある，比較的易しい問題である (コンピュータを利用して解くことが実用上可能)。[注1)]

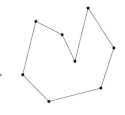

クイズで取り上げた，所定の地点を1回ずつ通って出発点に戻る最短経路を求める問題を，**巡回セールスマン問題**と呼ぶ (➡右図)。[注2)] これは，**NP完全**と呼ばれるクラスに属し，答えが本当に正しいかどうかの判定は多項式時間でできるが，多項式時間で解けそうにないという意味で，本質的に難しい問題である。[注3)]

しかし，巡回セールスマン問題は実用上重要であるため，最短経路 (最適解) を求める代わりに，近似解を求めるアルゴリズムがいろいろと研究されている。最適解から50％までの誤差を許すと計算時間が高々問題例の数の3乗に比例するようなアルゴリズムがN・クリストフィードによって発見されている (1976年)。

類似の問題として，すべての地点を1回ずつ通って出発点に戻る経路 (**ハミルトン閉路**) が存在するかどうかを問う**ハミルトン閉路問題**がある。これは巡回セールスマン問題の一部であるが，これもまた NP 完全であることが知られている。

注1) P は多項式時間 polynomial time の略である。
注2) これは，通過する地点を頂点に対応させると，グラフ理論 (➡p.155) の問題として考えられる。
注3) NP は非決定性多項式時間 non-deterministic polynomial の略である。これは ***P ≠ NP 予想***という計算複雑性理論の予想が正しい場合の話であり，そうでない場合は事情が変わってくる。

正方形の頂点を結ぶ最短の経路

理論	グラフ理論	理論の難しさ	🎓 🎓 🎓 🎓 🎓 大学 3 年生以上
テーマ	最小シュタイナー木問題	クイズの対象	🎓 🎓 🎓 🎓 🎓 中学 3 年生

1辺の長さが1の正方形の頂点を結ぶ経路の長さの最小値として正しいものを，次の **A** 〜 **D** から選べ。

A　4　　　　　　**B**　3　　　　　**C**　$2\sqrt{2}$　　　　**D**　$1 + \sqrt{3}$

答え **D**

解説 分岐点をもつ経路を考えると, 正方形の周 (長さ 4), コの字形または H 字形の経路 (長さ 3), 2 本の対角線からなる経路 (長さ $2\sqrt{2}$) より短い経路ができ, その長さは $1 + \sqrt{3}$ である (➡図1)。

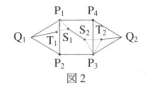

図1　図2

実際, これが最短経路であることは, 次のように証明できる。分岐点を 3 つ以上もつ経路は, 三角不等式 PQ + QR ≧ PR により, 分岐点が 2 つ以下のより短い経路に作り替えることができる (詳細は省略)。分岐点が 1 つの経路の長さの最小値は $2\sqrt{2}$ であるから, 分岐点が 2 つの最短経路が上記のものであることを示せばよい。分岐点が正方形の周または外部にあるより内部にある方が経路は短くなるから, 正方形 $P_1P_2P_3P_4$ の内部に 2 つの分岐点 S_1, S_2 があり, S_1 が P_1, P_2, S_2 と, S_2 が P_3, P_4, S_1 と結ばれた経路を考えればよい。正方形の外側に 2 つ正三角形 $P_1P_2Q_1$, $P_3P_4Q_2$ を作り, $P_1S_1T_1$, $P_3S_2T_2$ が正三角形となるように点 T_1, T_2 をとる (➡図2)。経路の長さは

$$P_2S_1 + P_1S_1 + S_1S_2 + P_3S_2 + P_4S_2 = Q_1T_1 + T_1S_1 + S_1S_2 + S_2T_2 + T_2Q_2$$

となるから, T_1, S_1, S_2, T_2 が 1 直線上に並ぶように S_1, S_2 を取り直すと最短経路が得られ, それは上記の経路と一致する。

理論紹介 平面上の点 $P_1, \cdots, P_n$ が与えられたとき, それらすべてを線分でつないだ経路 (分岐点があってもよく, $P_1, \cdots, P_n$ 以外に新たな頂点を設けてもよい) を $P_1, \cdots, P_n$ の**シュタイナー木**と呼ぶ。経路が最短であるシュタイナー木を**最小シュタイナー木**と呼び, そこで新たに追加した頂点を**シュタイナー点**と呼ぶ。

正三角形の 3 つの頂点の最小シュタイナー木は, 重心を交差点として 3 つの頂点を結ぶ三叉路である。一般に, E・トリチェリ, B・カヴァリエリによって, 3 点 P_1, P_2, P_3 の最小シュタイナー木は,

(i) 3 点が一直線上にあるとき, 最も離れた 2 点を結ぶ線分

(ii) 3 点がどの内角も 120° 未満であるような三角形をなすとき, $\angle P_1FP_2 = \angle P_2FP_3$ $= \angle P_3FP_1 = 120°$ を満たす点 F を交差点として 3 点を結ぶ三叉路

(iii) 3 点が 120° 以上の鈍角をなすとき, その頂点と他の 2 点を結ぶ折れ線

であることが証明されている。(ii)のシュタイナー点 F を**フェルマー点**と呼ぶ。

n 個の点の最小シュタイナー木を求める方法としては, 3 点の場合に帰着させる**メルザクのアルゴリズム**などが知られている。正五角形の 5 つの頂点の最小シュタイナー木は 3 つの三叉路を結んだ経路 (2 辺のなす角はすべて 120°) で, $n \geq 6$ のとき正 n 角形 $P_1P_2 \cdots P_n$ の n 個の頂点の最小シュタイナー木は折れ線 $P_1P_2 \cdots P_n$ である。

最小シュタイナー木問題

167

Question
73
MATHEMATICS

正多角形で
平面を敷き詰める方法

理論	離散幾何学	理論の難しさ	🎓 🎓 🎓 🎓 🎓 大学 3 年生以上
テーマ	平面充填	クイズの対象	🎓 🎓 🎓 🎓 🎓 高校 1〜2 年生

1種類の合同な正多角形で平面を隙間も重なりもなく敷き詰める方法は何パターンあるか。次の **A〜D** から選べ。ただし，一部を平行移動して重なる敷き詰め方は同じパターンとみなす。

A 2パターン   **B** 3パターン   **C** 4パターン   **D** 5パターン

答え　B

解説　合同な正 n 角形で平面を敷き詰めることができるとして，1つの頂点に正 n 角形が m 個集まるとする。正 n 角形の内角は $180(n-2)/n$ 度であるから，

$$180m \cdot \frac{n-2}{n} = 360 \quad つまり \quad \frac{1}{m} + \frac{1}{n} = \frac{1}{2} \cdots ①$$

が成り立つ。$m \geqq 3,\ n \geqq 3$ から

$$\frac{1}{n} = \frac{1}{2} - \frac{1}{m} \geqq \frac{1}{2} - \frac{1}{3} = \frac{1}{6}$$

が成り立つので，$3 \leqq n \leqq 6$ である。よって，① から，

$$(n, m) = (3, 6),\ (4, 4),\ (6, 3)$$

が得られる（$n = 5$ は $m = 10/3$ となるため不適）。実際に，正三角形，正方形，正六角形で平面を敷き詰めることができる（➡下図）。よって，これら3パターンが正多角形で平面を敷き詰める方法のすべてである。[注1)]

理論紹介　有限種類の合同な図形で平面を隙間も重なりもなく敷き詰めることを**平面充填**と呼び，敷き詰めに使われる平面図形を**タイル**と呼ぶ。任意の三角形，四角形は，1種類で平面充填可能である。凸五角形の平面充填はちょうど15パターンあることが証明されており，近年最後のパターンが発見された（2015年）。

　複数種類の平面図形による平面充填も古くから研究されており，2種類の正多角形からなり，頂点形状が一様な平面充填は8パターンあることが知られている（**アルキメデスの平面充填**）。現在発見されている中で連結な（➡p.029）タイルを使った種類が最少の非周期充填として，2種類のひし形からなる**ペンローズ・タイル**が有名である（➡右図）。

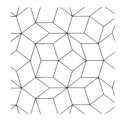

　平面充填の高次元版として，**空間充填**の問題が考えられる。各辺の長さが等しい多面体1種類で空間充填ができるものとしては，立方体，アルキメデスの正三角柱，アルキメデスの六角柱，切頂八面体，ひし形十二面体などがある。等面ひし形多面体によるある非周期空間充填を平面に射影すると，ペンローズ・タイルが得られる。

注1) この定理は，サモスのピタゴラスによって証明された。

正方形尽くしのパズル

理論	離散幾何学	理論の難しさ	🎓🎓🎓🎓🎓 大学3年生以上
テーマ	ルジンの問題	クイズの対象	🎓 中学3年生

　下図の異なる大きさの21個の正方形をうまく並べ替えると1つの正方形を組み立てることができる。その1辺の長さとして正しいものを，次の **A〜D** から選べ。ただし，正方形に書かれた数は1辺の長さを表している。また，正方形は隙間も重なりもなく並べるものとする。

A 110　　　**B** 112　　　**C** 114　　　**D** 116

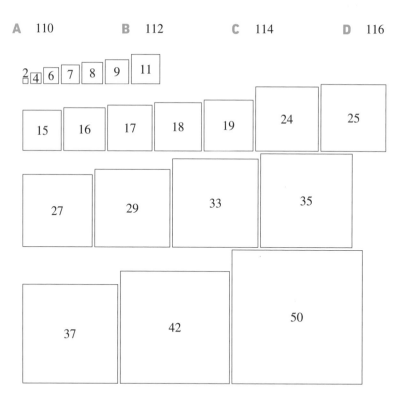

答え **B**

解説 1辺の長さが112の正方形が組み立てられる (➡右図)。

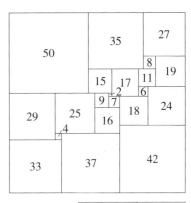

理論紹介 H・デュードニーは『カンタベリー・パズル』の中で, 異なる大きさの正方形に分割された正方形 (正方形の**完全正方形分割**) は存在するかどうかを問うた。この問題は, N・ルジンによって広く知られるようになったため, **ルジンの問題**と呼ばれている。

Z・モロンは初めて長方形の完全正方形分割を発見した (**モロンの長方形**, 1925年, ➡右図)。さらに, 安倍道雄は, 長方形の完全正方形分割には9個の正方形が必要であり, いくらでも正方形に近い完全正方形分割された長方形が存在することを証明した (1931年)。

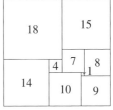

その後, C・スミスら4人と, R・スプレーグは, 相次いで完全正方形分割された正方形を発見した (1939年頃)。このテーマで初めて論文に掲載された正方形 (1辺の長さ4205, 小正方形55個) は中に長方形を含む (**非単純**という) ものであったが, しばらくして中に長方形を含まない (**単純**という) より本質的な正方形 (1辺の長さ4920, 小正方形38個) が発見された。ただし, ここでは, 小正方形の辺の長さを互いに素な整数で表し, 辺に接する小正方形の辺の長さの和として1辺の長さを考えている。スミスらは, 電気回路のキルヒホッフの法則の考え方を応用して, より小さい完全正方形分割された正方形を次々に発見した。

A・ドゥアイフェスタインは, スミスらの方法とコンピュータを使って, 正方形の完全正方形分割には21個の正方形が必要であることを証明し, クイズで取り上げた正方形が異なる大きさの21個の正方形で作られる唯一の正方形であることを示した (1978年)。また, 完全正方形分割された正方形の1辺の長さの最小値は110であり, それは22個の正方形からなることも証明した (➡右図)。

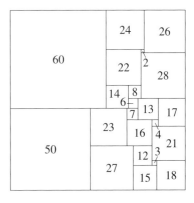

照明1つで部屋全体を照らせるか

理論	離散幾何学	理論の難しさ	🎓🎓🎓🎓🎓 大学3年生以上
テーマ	イルミネーション問題	クイズの対象	🎓🎓🎓🎓🎓 高校1〜2年生

次の ①, ② の真偽について正しいものを, 次の **A〜D** から選べ。ただし, 光が直線または曲線に当たったとき, その点における法線に対して入射光がなす角 (入射角) と反射光がなす角 (反射角) が等しくなるように, 同じ強さの光が反射するものとする。また, 光が多角形の頂点や曲線上の滑らかでない点に達したとき, 光の反射は止まるものとする。

①　鏡張りの多角形状の部屋では, どの点に灯りを置いても部屋全体を照らせる。

②　鏡張りの曲線状の部屋では, どの点に灯りを置いても部屋全体を照らせる。

A　①も②も正しい　　　　　　**B**　①は正しいが, ②は正しくない

C　①は正しくないが, ②は正しい　　**D**　①も②も正しくない

答え D

解説　① については，G・トカルスキーによって二十六角形の反例 (1995 年) が，D・カストロによって二十四角形の反例 (1997 年) が見つかっている (➡左下の図)。「○」印の点に灯りを置くと，「×」印の点が照らせない。

　② についても，R・ペンローズによって反例が見つかっている (➡右下の図)。「○」印の点に灯りを置くと，灰色の部分が照らせない。

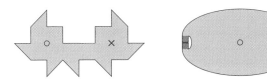

理論紹介　光の反射に関する図形の性質は，身の回りで広く利用されている。例えば，パラボラ・アンテナは，放物線を軸の周りに1回転させた**回転放物面**という形状をしたアンテナであり，放物線の軸に平行な入射光は反射して焦点に集まるという性質を利用している (➡左下の図)。この放物線の性質は，反射望遠鏡の主鏡にも利用されている。また，楕円面鏡は，楕円を長軸または短軸の周りに1回転させた**回転楕円面**という形状をした鏡であり，一方の焦点からの入射光は反射して他方の焦点に集まるという性質を利用している (➡右下の図)。

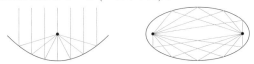

　このように，滑らかな曲線上で光がどのように反射するかという問題は非常に重要であるが，それらをつなぎ合わせた曲線上で光がどのように反射するかという問題も実用的に重要である。特に，鏡張りの部屋において灯りを置くと全体を照らせる点の範囲に関する問題を**イルミネーション問題**と呼ぶ。

　イルミネーション問題が提出されてからしばらく「鏡張りの多角形状の部屋ではどの点に灯りを置いても部屋全体を照らせるか」という問題は未解決であったが，20 世紀末に上記の反例が発見された。

　S・ルリエーヴル，T・モンテイル，B・ヴァイスの3人は，

　　鏡張りの多角形状の部屋において，壁のなす角が π の有理数倍ならば，
　　部屋全体を照らせない点は有限個である

という定理を証明した (2016 年)。

最も効率よく
球を詰め込む方法

理論	離散幾何学	理論の難しさ	🎓🎓🎓🎓🎓 大学3年生以上
テーマ	最密充填問題	クイズの対象	🎓🎓🎓🎓🎓 高校1〜2年生

空間に同じ大きさの球を (互いに重なり合わないように) 詰め込むとき, 球が空間に占める割合は最大でいくらになるか。次の **A**〜**D** から選べ。

A　$0.34008\cdots$　　**B**　$0.52359\cdots$　　**C**　$0.68017\cdots$　　**D**　$0.74048\cdots$

答え **D**

解説 球の半径を 1 とする。**面心立方格子** (➡図 4) をユニットとして空間に球を詰め込むとき，球が空間に占める体積の割合は，1 辺が $2\sqrt{2}$ の立方体に 4 個分の球が含まれることから，

$$4 \cdot \frac{4\pi}{3} \div (2\sqrt{2})^3 = \frac{\pi}{3\sqrt{2}} = 0.74048\cdots$$

である。これが空間に同じ大きさの球を詰め込むときの球の割合の最大値であることが知られている (後述)。ちなみに，**ダイヤモンド格子** (➡図 1)，**単純立方格子** (➡図 2)，**体心立方格子** (➡図 3) をユニットとして空間に球を詰め込むとき，球が空間に占める体積の割合はそれぞれ

$$8 \cdot \frac{4\pi}{3} \div \left(\frac{8}{\sqrt{3}}\right)^3 = \frac{\sqrt{3}\pi}{16}, \quad 1 \cdot \frac{4\pi}{3} \div 2^3 = \frac{\pi}{6}, \quad 2 \cdot \frac{4\pi}{3} \div \left(\frac{4}{\sqrt{3}}\right)^3 = \frac{\sqrt{3}\pi}{8}$$

になる。なお，図 4 の球の詰め込み方は，**六方最密格子**と呼ばれる格子をユニットとする詰め込み方と同じである (下図ではあえて球を小さくかいているので注意)。

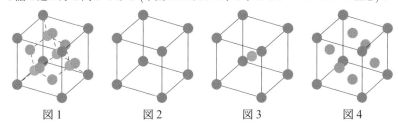

図 1   図 2   図 3   図 4

理論紹介 平面に同じ大きさの円を詰め込むとき，円が平面に占める面積の割合は，隣り合う 3 円の中心が正三角形をなすように配置するとき，

$$\frac{\pi}{2\sqrt{3}} = 0.90689\cdots$$

で最大になる (➡右図)。この定理は J・ケプラーによって予想され (1611 年)，規則的な配置に対しては C・F・ガウスによって (1831 年)，不規則な配置を含めた一般の配置に対してはL・フェイェシュ・トートによって証明された (1940 年)。

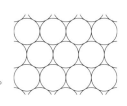

　この問題の高次元化として，空間に同じ大きさの球を詰め込む際に球の密度が最大になるような配置を見出す問題が考えられる。ケプラーは，面心立方格子 (または六方最密格子) を使って球を詰め込むと最も密度が高くなると予想した (**ケプラー予想**，1611 年)。T・ヘイルズは，フェイェシュ・トートが示唆した手法をもとに，コンピュータを使ってこの予想を肯定的に解決した (1998 年)。

格子点を頂点とする 多角形の存在

理論	格子点の幾何学	理論の難しさ	🎓🎓🎓🎓🎓 大学 3 年生以上
テーマ	格子多角形	クイズの対象	🎓🎓🎓🎓🎓 高校 1〜2 年生

格子点を頂点とする多角形の存在

大学入試対策 ▶ xy 平面において，x 座標も y 座標も整数である点を**格子点**と呼ぶ。次の①，②の真偽について正しいものを，下の **A〜D** から選べ。

① 格子点を頂点とする正三角形は存在しない。

② 格子点を頂点とする等辺 n 角形が存在し得るような整数 n は無限に存在する。

A ①も②も正しい   **B** ①は正しいが，②は正しくない

C ①は正しくないが，②は正しい   **D** ①も②も正しくない

復習

・△OPQ の面積は

$$\triangle\text{OPQ} = \frac{1}{2}\text{OP} \cdot \text{OQ} \sin \angle\text{POQ}$$

である。

・3 点 O$(0, 0)$, P(a, b), Q(c, d) を結ぶ三角形の面積は

$$\triangle\text{OPQ} = \frac{1}{2}|ad - bc|$$

である。

答え　**A**

解説　① について：すべての頂点が格子点であるような正三角形 OPQ の存在を仮定する。O が原点である場合を考えれば十分である。その場合に P(a, b),
Q(c, d) とおく。△OPQ = OP$^2 \sin 60°/2$ であるので，

$$\frac{1}{2}|ad - bc| = \frac{\sqrt{3}}{4}(a^2 + b^2) \quad \text{つまり} \quad \sqrt{3} = \frac{2|ad - bc|}{a^2 + b^2}$$

が成り立つ。a, b, c, d は整数であることから右辺は有理数であるが，これは $\sqrt{3}$ が無理数であることに反する。ゆえに，格子点を頂点とする正三角形は存在しない。

② について：4 以上のすべての偶数 n に対して，格子点を頂点とする等辺 n 角形が存在する。実際，次のような格子点を頂点とする正方形，等辺六角形が存在する。8 以上の偶数 n に対しては，この正方形や等辺六角形を合わせることで，格子点を頂点とする等辺 n 角形が得られる (➡ 下図)。

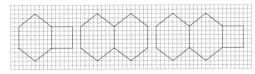

理論紹介　図形に含まれる格子点について，さまざまな興味深い定理がある。
格子点を頂点とする多角形を**格子多角形**と呼ぶ。よく知られている

格子点を頂点とする正多角形は正方形に限る

という定理は，

格子三角形の鋭角 θ に対して，$\dfrac{\theta}{\pi}$ が有理数　$\iff$　$\theta = \dfrac{\pi}{4}$

という**格子角定理**を使って証明できる。

G・ピックは，格子点の個数をもとに格子多角形の面積を求める公式を発見した。つまり，内部に i 個，周上に b 個の格子点を含む格子多角形の面積 S は，

$$S = i + \frac{b}{2} - 1$$

と表される (**ピックの公式**, 1899 年)。

A・シンゼルは，すべての整数と $(-1 + \sqrt{-3})/2$ を含む最小の可換環 (➡ p.045) における素因数分解を使い，

すべての正の整数 n に対して，ちょうど n 個の格子点を通る円周が存在する

という定理を証明した (1958 年)。

体積が十分大きい，原点に関して対称な凸集合 (➡ p.080) が原点以外の格子点を含むことを主張する**ミンコフスキーの定理**は，数論で重要な役割を果たす。

3次の魔方陣の個数

理論	組合せ論	理論の難しさ	🎓🎓🎓🎓🎓 大学3年生以上
テーマ	魔方陣	クイズの対象	🎓🎓🎓🎓🎓 中学3年生

　3行3列の正方形のマスに1個ずつ数を入れる。縦，横，対角線に並んだ3つの数の和がすべて等しくなるように1から9までの整数を配置する方法は何通りあるか。次の **A**〜**D** から選べ。

A　1通り　　　　**B**　4通り　　　　**C**　8通り　　　　**D**　9通り

答え C

解説 1行の和は，3行分の和の3分の1，つまり1から9までの和の3分の1の $(1+\cdots+9)\div3=45\div3=15$ である。真ん中の数を x として，真ん中を通る縦，横，斜め計4方向の和をとると，1から9までの和に x を3個余分に加えた数になり，これが15の4倍に等しいから，$3x+45=4\cdot15$，よって $x=5$ となる。

また，5を含む3つの数の並びの構成は $\{1,5,9\}, \{2,5,8\}, \{3,5,7\}, \{4,5,6\}$ しかない。さらに，1を含む3つの数の並びの構成は $\{1,5,9\}, \{1,6,8\}$ しかないから，1は角に位置することはない。これをもとに，1つの配置が考えられる（➡右図）。

4	9	2
3	5	7
8	1	6

これと左右対称な配置が1つあり，それぞれについて 90°ずつ回転した配置も考えられるから，8つの配置がある。上記と同様の議論により，3, 7, 9が角に位置することはないから，これがすべてである。

理論紹介 n 行 n 列の正方形のマスに1個ずつ異なる正の整数を入れて，縦，横，対角線に並んだ n 個の数の和がすべて等しくなるように整数を配置したものを **n 次の魔方陣**と呼ぶ。1から n^2 までの整数を入れた魔方陣を考えることが多い。

すべての正の整数から1次の魔方陣ができる。しかし，$a+b=c+d=a+c=b+d=a+d=b+c$ の解は $a=b=c=d$ しかないから，2次の魔方陣はできない。よって，3次以上の魔方陣が本質的である。4次，5次の魔方陣もある（➡右図）。回転したもの，対称なものを同一視して，1から16，25までの整数を入れた4次，5次の魔方陣は，それぞれ880個，275305224個ある。なお，斜め方向の和が，対角線以外でも等しくなるような魔方陣を**完全魔方陣**と呼ぶ。4以上で4で割った余りが2でない整数 n に対して，n 次の完全魔方陣の存在が知られている。

6	12	7	9
15	1	14	4
10	8	11	5
3	13	2	16

1	23	16	4	21
15	14	7	18	11
24	17	13	9	2
20	8	19	12	6
5	3	10	22	25

n 次の魔方陣の作り方については，n を4で割った余りに応じて，さまざまな手法が考案されている。例えば，**バシェーの方法**（➡右図）で作られた奇数次の魔方陣は，中心に対して対称な位置にある2つの数の和が一定になる。このような魔方陣を**対称方陣**と呼ぶ。

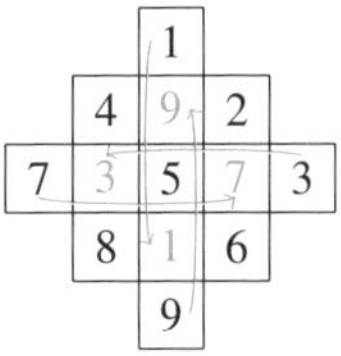

関孝和は，既知の $n-2$ 次の魔方陣の周りに $(n-2)^2+1$ から n^2 までの数を配置して n 次の魔方陣を作る方法を発見した（1683年）。このように，中央の $n-2$ 次の正方形の部分も魔方陣となっている魔方陣を**親子魔方陣**と呼ぶ。

チェス・チャンピオンとの同時対戦で勝つ方法

理論	組合せゲーム理論	理論の難しさ	大学 3 年生以上
テーマ	ゲームの必勝法	クイズの対象	中学 3 年生

2 人のチェス・チャンピオン P, Q と子ども R が同時に対戦する。子どもが自由に指す順を決められるとき，少なくとも 1 人に勝つためには，どの順に指せばよいか。最も適当なものを，次の **A**～**D** から選べ。ただし，引き分けはないものとする。

A　P, Q, R, R

B　P, R, Q, R

C　R, P, R, Q

D　R, R, P, Q

答え　B

解説　R は，P に対しては後手，Q に対しては先手を選んで，P が指した手を Q に指し (「$P \overset{R}{\rightarrow} Q$」で表すことにする)，Q が指した手を P に指す (「$Q \overset{R}{\rightarrow} P$」で表すことにする) ようにすればよい。このとき，

$$P \overset{R}{\rightarrow} Q \overset{R}{\rightarrow} P \overset{R}{\rightarrow} Q \overset{R}{\rightarrow} P \overset{R}{\rightarrow} Q \overset{R}{\rightarrow} \cdots$$

のようになり，どちらも同じ盤面になる (実質的にチャンピオンどうしを対戦させることになる) ので，R は P, Q の一方には負けるが，他方には勝つことができる。

理論紹介　五目並べやリバーシ (オセロ)，チェス，将棋，囲碁のように，2 人のプレイヤーが交互に手を指して勝敗を競うゲームを**交互型 2 人ゲーム**と呼ぶ。E・ツェルメロは，

有限の手数で終了する交互型 2 人ゲームは，

先手に必勝法があるか，後手に必勝法があるか，両者とも最善を尽くせば

引き分けになる，のいずれかである

という定理を証明した (**ツェルメロの定理**, 1913 年)。つまり，交互型 2 人ゲームでミスをしないプレイヤーどうしが対局した場合，先手，後手を決めた時点で勝敗が決まることになる。

　囲碁の碁盤上で行う五目並べ (先手，後手とも禁じ手なし) については，両者が最善手を指し続けると先手必勝であることが証明されており，具体的な必勝法は黒岩涙香によって発見されている (1899 年)。

　6×6 のリバーシについては，後手必勝であることが証明されている (1993 年)。しかし，8×8 のリバーシについては，未解決である。

　チェッカーについては，両者とも最善を尽くせば引き分けになることが，コンピュータを使って証明されている (2007 年)。

　また，チェス，将棋，囲碁については，先手，後手のどちらが有利か，最善を尽くせば引き分けになるかはわかっていない。

　J・コンウェイは，群 (➡ p.041) の概念をゲーム理論に取り入れて，ゲームの等価性，ゲームの大きさの比較，先手必勝・後手必勝の判定などを代数的に考察する理論を確立した。

石取りゲームで
後手必勝の局面

理論	組合せゲーム理論	理論の難しさ	🎓 🎓 🎓 🎓 🎓 大学3年生以上
テーマ	2山崩し	クイズの対象	🎓 🎓 🎓 🎓 🎓 中学3年生

m 個，n 個に分けられた2つの石の山から，2人が交互に石を取り合い，最後に石を取った方が勝ちという，**チャヌシッチ**と呼ばれるゲームがある。ただし，それぞれの手番では，1つの山から好きな個数の石を取るか，2つの山から同じ数ずつ好きな個数の石を取るかのいずれかを行う。後手必勝となる場合を，次の **A〜D** から選べ。

A $(m, n) = (3, 5)$

B $(m, n) = (5, 7)$

C $(m, n) = (11, 13)$

D $(m, n) = (17, 19)$

答え　**A**

解説　2 山の石の個数が等しいとき，すべての石を取れるから，先手必勝である。

また，石の個数の組合せが {1, 2} の局面では，先手が石を取ると {0, 2}, {1, 1}, {0, 1} のいずれかの局面になるから，後手必勝である。

{3, 5} の局面では，先手が石を取ると

$$\{2, 5\}, \{1, 5\}, \{0, 5\}$$
$$\{3, 4\}, \{3, 3\}, \{3, 2\} = \{2, 3\}, \{3, 1\} = \{1, 3\}, \{3, 0\} = \{0, 3\}$$
$$\{2, 4\}, \{1, 3\}, \{0, 2\}$$

のいずれかの局面になり，次のようにできるから，後手必勝である。

- {0, 2}, {0, 3}, {0, 5}, {3, 3} の局面では，すべての石を取る。
- {1, 3}, {1, 5}, {2, 3}, {2, 4}, {2, 5} の局面では，一方の山から石を取って {1, 2} の局面にする。
- {3, 4} の局面では，両方の山から石を取って {1, 2} の局面にする。

{5, 7}, {11, 13}, {17, 19} の局面では，それぞれ両方の山から 2 個，8 個，14 個の石を取ると {3, 5} の局面にすることができるから，先手必勝である。

理論紹介　石の山 r 個から，2 人が交互に石を取り合い，最後に石を取った方が勝ちというゲームを，**(正規形の)** r **山崩し** と呼ぶ。各手番で 1 山から任意個の石を取る 2 山崩しでは，2 山の石の個数が異なれば先手必勝，等しければ後手必勝である。

各手番で 1 山から任意個の石を取る r 山崩し (**ニム** とも呼ぶ) では，**ニム和** という非負整数の演算を使った先手必勝，後手必勝の判定法が知られている。

W・ワイソフは，

a, b は正の無理数で $a^{-1} + b^{-1} = 1$

$\iff$ すべての正の整数は a, b いずれかの整数倍の整数部分に一致する

という定理 (**レイリー = ビーティーの定理**) を黄金数 $\varphi = (1 + \sqrt{5})/2$ とその 2 乗 φ^2 に適用して，チャヌシッチにおいて石の個数の組合せが $\{m, n\}$ $(m \geq n)$ である局面では，次のような必勝法があることを証明した (1907 年)。

(I)　$m = n$ のとき。先手必勝であり，両方の山からすべての石を取ればよい。

(II)　$m \neq n$ のとき。$q = \lfloor (m - n)\varphi \rfloor$ とおく ($\lfloor a \rfloor$ は a の整数部分)。

　(i)　$q = n$ のとき。後手必勝である。

　(ii)　$q < n$ のとき。先手必勝であり，両方の山から $n - q$ 個ずつ取ればよい。

　(iii)　$q > n$ のとき。先手必勝であり，次のようにすればよい ($p = \lfloor n/\varphi \rfloor$)。

　　- $(p + 1)\varphi < n + 1$ ならば，n を $p + n + 1$ に減らす。
　　- $(p + 1)\varphi > n + 1$ ならば，n を p に減らす。

関連図書

[01] 日本数学会編，『岩波数学辞典』，第 4 版，岩波書店，2007.

[02] ヴィクター・J・カッツ著，上野健爾，三浦伸夫監訳，『カッツ数学の歴史』，共立出版，2005.

[03] 加藤文元，『物語 数学の歴史—正しさへの挑戦』，中公新書，中央公論新社，2009.

[04] 高木貞治，『近世数学史談・数学雑談—復刻版』，共立出版，1996.

[05] 数学セミナー編集部編，『数学 100 の発見』，日本評論社，1998.

[06] 数学セミナー編集部編，『数学 100 の定理—ピタゴラスの定理から現代数学まで』，日本評論社，1999.

[07] 数学セミナー編集部編，『数学 100 の問題—数学史を彩る発見と挑戦のドラマ』，日本評論社，1999.

[08] 小野田博一，『古典数学の難問 101—歴史上の数学者に挑む』，日本実業出版社，2016.

[09] 小野田博一，『数学〈超絶〉難問—時代を超えて天才の頭脳に挑戦!』，日本実業出版社，2014.

[10] 小野田博一，『数学〈超・超絶〉難問』，日本実業出版社，2017.

[11] H・E・デュードニー著，伴田良輔訳，『カンタベリー・パズル』，ちくま学芸文庫，筑摩書房，2009.

[12] マーティン・ガードナー著，岩沢宏和，上原隆平監訳，完全版マーティン・ガードナー数学ゲーム全集 1~4，日本評論社，2015~2017.

[13] 矢野健太郎監修，春日正文編，『公式集』，5 訂版，モノグラフ，科学新興新社，1996.

[14] マスオ，『高校数学の美しい物語』，SB クリエイティブ，2016.

[15] 早苗雅史，『数学問題の背景』，デザインエッグ，2017.

[16] 廣津孝，「有名問題・定理から学ぶ数学」，https://www.wkmath.org (2021 年 1 月閲覧)．

Chapter 1

[17] 松坂和夫，『集合・位相入門』，岩波書店，1968.

[18] 鎌田正良，『集合と位相』，現代数学ゼミナール 8，近代科学社，1989.

[19] 田中一之，『集合論とプラトニズム』，ゲーデルと 20 世紀の論理学 4，東京大学出版会，2007.

[20] S・マックレーン著，三好博之，高木理訳，『圏論の基礎』，丸善出版，2012.

[21] レナード・M・ワプナー著，佐藤かおり，佐藤宏樹訳，『バナッハ=タルスキの逆説—豆と太陽は同じ大きさ?』，青土社，2009.

[22] 田中尚夫，『選択公理と数学—発生と論争，そして確立への道』，増訂版，遊星社，2005.

[23] レイモンド・スマリヤン著，田中朋之，長尾確訳，『スマリヤンの決定不能の論理パズル—ゲーデルの定理と様相理論』，白揚社，2008.

[24] K・ゲーデル著，林晋，八杉満利子訳・解説，『不完全性定理』，岩波文庫，岩波書店，2006.

[25] 加藤十吉，『位相幾何学』，数学シリーズ，裳華房，1988.

[26] 市原一裕，『低次元の幾何からポアンカレ予想へ—世紀の難問が解決されるまで』，数学への招待，技術評論社，2018.

Chapter 2

[27] 松坂和夫，『代数系入門』，岩波書店，1976.

[28] 雪江明彦，『代数学 1 群論入門』，日本評論社，2010.

[29] 雪江明彦, 『代数学2環と体とガロア理論』, 日本評論社, 2010.

[30] 山﨑圭次郎, 『環と加群 I』, 岩波講座基礎数学, 岩波書店, 1976.

[31] 藤﨑源二郎, 『体と Galois 理論 I』『体と Galois 理論 II』, 岩波講座基礎数学, 岩波書店, 1977.

[32] ファン・デル・ウェルデン著, 銀林浩訳, 『現代代数学 1』, 新装, 東京図書, 1959.

[33] 硲野敏博, 加藤芳文, 『理工系の基礎線形代数学』, 学術図書出版社, 1994.

[34] 岩堀長慶, 『初学者のための合同変換群の話—幾何学の形での群論演習』, 現代数学社, 2000.

[35] 辻井重男, 笠原正雄編著, 有田正剛, 境隆一, 只木孝太郎, 趙晋輝, 松尾和人著, 『暗号理論と楕円曲線—数学的土壌の上に花開く暗号技術』, 森北出版, 2008.

[36] J・ロットマン著, 関口次郎訳, 『ガロア理論』, 改訂新版, 丸善出版, 2012.

[37] 木村俊一, 『ガロア理論』, 数学のかんどころ 14, 共立出版, 2012.

[38] イアン・スチュアート著, 鈴木治郎, 並木雅俊訳, 『明解ガロア理論』, 原著第 3 版, KS 理工学専門書, 講談社, 2008.

[39] 笠原晧司, 『微分積分学』, サイエンスライブラリ数学 12, サイエンス社, 1974.

[40] 溝口宣夫, 五十嵐敬典, 桂田英典, 佐藤一憲, 佐藤元彦, 竹ケ原裕元, 山口格, 『理工系の微分・積分』, 学術図書出版社, 1998.

[41] 高木貞治, 『定本解析概論』, 岩波書店, 2010.

[42] 荒川恒男, 伊吹山知義, 金子昌信, 『ベルヌーイ数とゼータ関数』, 牧野書店, 2001.

[43] 中村滋, 『円周率—歴史と数理』, 数学のかんどころ 22, 共立出版, 2013.

[44] 盛田健彦, 『実解析と測度論の基礎』, 数学レクチャーノート基礎編 4, 培風館, 2004.

[45] 新井仁之, 『ルベーグ積分講義—ルベーグ積分と面積 0 の不思議な図形たち』, 日本評論社, 2003.

[46] 佐藤宏樹, 『複素解析学』, 現代数学ゼミナール 15, 近代科学社, 1991.

[47] E・クライツィグ著, 阿部寛治訳, 『フーリエ解析と偏微分方程式』, 原書第 8 版, 技術者のための高等数学 3, 培風館, 2013.

[48] E・クライツィグ著, 北原和夫, 堀素夫訳, 『常微分方程式』, 原書第 8 版, 技術者のための高等数学 1, 培風館, 2006.

[49] 柳田英二, 『反応拡散方程式』, 東京大学出版会, 2015.

[50] 柴田正和, 『変分法と変分原理』, 森北出版, 2017.

[51] 佐藤坦, 『測度から確率へ—はじめての確率論』, 共立出版, 1994.

[52] R・デュレット著, 今野紀雄, 中村和敬, 曽雌隆洋, 馬霞訳, 『確率過程の基礎』, 丸善出版, 2012.

[53] 豊田秀樹編著, 『基礎からのベイズ統計学—ハミルトニアンモンテカルロ法による実践的入門』, 朝倉書店, 2015.

[54] 東京大学教養学部統計学教室編, 『基礎統計学 I 統計学入門』, 東京大学出版, 1991.

[55] 斉藤浩, 『ラングレーの問題にトドメをさす!—4 点の作る小宇宙完全ガイド』, 現代数学社, 2009.

[56] 一松信, 『正多面体を解く』, Tokai Library, 東海大学出版部, 2002.

[57] H. Lindgren, G. Frederickson, *Recreational Problems in Geometric Dissections and How to Solve Them*, Rev. and enl. by G. Frederickson, Dover Publications, 1972.

[58] 小林昭七, 『曲線と曲面の微分幾何』, 改訂版, 裳華房, 1995.

[59] 梅原雅顕, 山田光太郎, 『曲線と曲面—微分幾何的アプローチ』, 改訂版, 裳華房, 2015.

[60] 矢野健太郎, 『リーマン幾何学入門』, 数学ライブラリー 20, 森北出版, 1971.

[61] 梶原健, 『代数曲線入門—はじめての代数幾何』, 日評数学選書, 日本評論社, 2004.

[62] R・ハーツホーン著, 高橋宣能, 松下大介訳, 『代数幾何学 1』『代数幾何学 2』『代数幾何学 3』, 丸善出版, 2012.

[63] 深谷賢治, 『双曲幾何』, 現代数学への入門, 岩波書店, 2004.

[64] ケネス・ファルコナー著, 服部久美子訳, 『フラクタル』, 岩波数学ライブラリー 291, 岩波書店, 2020.

■ Chapter 6

[65] 高木貞治, 『初等整数論講義』, 第 2 版, 共立出版, 1971.

[66] J・ノイキルヒ著, 足立恒雄監修, 梅垣敦紀訳, 『代数的整数論』, 丸善出版, 2012.

[67] 木村俊一, 『連分数のふしぎ—無理数の発見から超越数まで』, ブルーバックス B-1770, 講談社, 2012.

[68] ジョージ・アンドリュース, キムモ・エリクソン著, 佐藤文広訳, 『整数の分割』, 数学書房, 2006.

[69] W・ナルキェヴィッチ著, 中嶋眞澄訳, 『素数定理の進展 上』『素数定理の進展 下』, 丸善出版, 2012.

[70] 塩川宇賢, 『無理数と超越数』, 森北出版, 1999.

[71] N・コブリッツ著, 上田勝, 浜田芳紀訳, 『楕円曲線と保型形式』, 丸善出版, 2012.

[72] 細矢治夫, 『ピタゴラスの三角形とその数理』, 数学のかんどころ 6, 共立出版, 2011.

[73] 中村滋, 『フィボナッチ数の小宇宙—フィボナッチ数, リュカ数, 黄金分割』, 改訂版, 日本評論社, 2008.

[74] 加藤文元, 『宇宙と宇宙をつなぐ数学—IUT 理論の衝撃』, KADOKAWA, 2019.

[75] リチャード・K・ガイ著, 金光滋訳, 『数論〈未解決問題〉の事典』, 朝倉書店, 2010.

■ Chapter 7

[76] 秋山仁, R・L・グラハム, 『離散数学入門』, 改訂版, 入門有限・離散の数学 1, 朝倉書店, 1996.

[77] R・ディーステル著, 根上生也, 太田克弘訳, 『グラフ理論』, 丸善出版, 2012.

[78] B・コルテ, J・フィーゲン著, 浅野孝夫, 浅野泰仁, 小野孝男, 平田富夫訳, 『組合せ最適化—理論とアルゴリズム』, 第2版, 丸善出版, 2012.

[79] J. Urrutia, Art gallery and illumination problems, *Handbook of Computational Geometry*, 1st ed., North-Holland, 2000, pp. 973–1027.

[80] S. Lelièvre, T. Monteil, B. Weiss, Everything is illuminated, *Geometry & Topology*, **20** (3) 2016, pp. 1737–1762.

[81] ジョージ・G・スピーロ著, 青木薫訳, 『ケプラー予想—四百年の難問が解けるまで』, 新潮文庫, 新潮社, 2014.

[82] 桑田孝泰, 前原濶, 『整数と平面格子の数学』, 数学のかんどころ 28, 共立出版, 2015.

[83] 徳田雄洋, 『必勝法の数学』, 岩波数学ライブラリー 263, 岩波書店, 2017.

[84] 佐藤文広, 『石取りゲームの数学—ゲームと代数の不思議な関係』, 数学書房, 2014.

[85] P・ブラス, W・モーザー, J・パッハ著, 秋山仁監訳, 『離散幾何学における未解決問題集』, 丸善出版, 2012.

人名一覧

アーベル、N. (Niels H. Abel, 1802–1829)
アダマール、J. (Jacques S. Hadamard, 1865–1963)
アッペル、K. (Kenneth I. Appel, 1932–2013)
アルキメデス (シラクサの) (Archimedes, 287?–212 B.C.)
アルティン、E. (Emil Artin, 1898–1962)
アルファン、G.-H. (Georges-Henri Halphen, 1844–1889)
アレクサンダー、J. (James W. Alexander II, 1888–1971)
ヴァイエルシュトラス、K. (Karl T. W. Weierstrass,
　　　　　　　　　　　　　　　　　　　　1815–1897)
ヴァイス、B. (Barak Weiss)
ヴィエト、F. (François Viète, 1540–1603)
ウェアリング、E. (Edward Waring, 1736–1798)
ウォリス、J. (John Wallis, 1616–1703)
ウッド、D. (Derick Wood, 1940–2010)
ウラム、S. (Stanislaw M. Ulam, 1909–1984)
エーデルマン、L. (Leonard M. Adleman)
エルデシュ、P. (Paul Erdös, 1913–1996)
エルミート、C. (Charles Hermite, 1822–1901)
オイラー、J. (Johann A. Euler, 1734–1800)
オイラー、L. (Leonhard Euler, 1707–1783)
オルーク、J. (Joseph O'Rourke)
カヴァリエリ、B. (F. Bonaventura Cavalieri, 1598–1647)
ガウス、C. F. (J. Carl Friedrich Gauss, 1777–1855)
掛谷宗一 (Soichi Kakeya, 1886–1947)
カストロ、D. (David Castro)
カタラン、E. (Eugène C. Catalan, 1814–1894)
カルダーノ、G. (Gerolamo Cardano, 1501–1576)
ガロア、É. (Évariste Galois, 1811–1832)
カントール、G. (Georg F. L. P. Cantor, 1845–1918)
ギュルダン、P. (Paul Guldin, 1577–1643)
窪田忠彦 (Tadahiko Kubota, 1885–1952)
グリーン、B. (Ben J. Green)
クリストフィード、N. (Nicos Christofides)
クレイトマン、D. (Daniel J. Kleitman)
クレロー、A. (Alexis C. Clairaut, 1713–1765)
黒岩涙香 (Ruiko Kuroiwa, 1862–1920)
ケイリー、A. (Arthur Cayley, 1821–1895)
ゲーデル、K. (Kurt Gödel, 1906–1978)
ケプラー、J. (Johannes Kepler, 1571–1630)
ゲルフォント、A. (Alexander O. Gelfond, 1906–1968)
ケンプ、A. (Alfred B. Kempe, 1849–1922)
コーエン、P. (Paul J. Cohen, 1934–2007)
コーシー、A.-L. (Augustin-Louis Cauchy, 1789–1857)
コッホ、J. (John A. Koch)
コンウェイ、J. (John H. Conway, 1937–2020)
斉藤浩 (Hiroshi Saito)
シェルピンスキー、W. (Wacław F. Sierpiński, 1882–1969)

シドラー、J.-P. (Jean-Pierre Sydler, 1921–1988)
志村五郎 (Goro Shimura, 1930–2019)
シャミア、A. (Adi Shamir)
シュタイナー、J. (Jakob Steiner, 1796–1863)
シュナイダー、T. (Theodor Schneider, 1911–1988)
ジョルダン、C. (M. E. Camille Jordan, 1838–1922)
シンゼル、A. (Andrzej B. M. Schinzel)
スウィナートン・ダイアー、P. (H. Peter F.
　　　　　　　　　　Swinnerton-Dyer, 1927–2018)
スキューズ、S. (Stanley Skewes, 1899–1988)
スターリング、J. (James Stirling, 1692–1770)
ストーン、A. (Arthur H. Stone, 1916–2000)
スプレーグ、R. (Roland P. Sprague, 1894–1967)
スマリヤン、R. (Raymond M. Smullyan, 1919–2017)
スミス、C. (Cedric A. B. Smith, 1917–2002)
関孝和 (Takakazu Seki, ?–1708)
ゼノン (エレアの) (Zeno, 490?–430? B.C.)
セルバーグ、A. (Atle Selberg, 1917–2007)
ダ・ヴィンチ、L. (Leonardo da Vinci, 1452–1519)
タオ、T. (Terence Tao)
高木貞治 (Teiji Takagi, 1875–1960)
谷山豊 (Yutaka Taniyama, 1927–1958)
タネル、J. (Jerrold B. Tunnell)
ダランベール、J. (Jean Le Rond d'Alembert, 1717–1783)
タルスキー、A. (Alfred Tarski, 1901–1983)
チェビシェフ、P. (Pafnuty L. Chebyshev, 1821–1894)
チコノフ、A. (Andrey N. Tikhonov, 1906–1993)
チャップル、W. (William Chapple, 1718–1781)
ツェルメロ、E. (Ernst F. F. Zermelo, 1871–1953)
ディオファントス (アレクサンドリアの) (Diophantus, 3C 頃)
テイラー、R. (Richard L. Taylor)
ディリクレ、P. G. (J. Peter Gustav L. Dirichlet,
　　　　　　　　　　　　　　　　　　　　1805–1859)
デーヴィス、R. (Roy O. Davies)
デーン、M. (Max W. Dehn, 1878–1952)
デザルグ、G. (Girard Desargues, 1591–1661)
テューキー、J. (John W. Tukey, 1915–2000)
デュードニー、H. (Henry E. Dudeney, 1857–1930)
デル・フェッロ、S. (Scipione del Ferro, 1465–1526)
ドゥアイフェスタイン、A. (Adrianus J. W. Duijvestijn,
　　　　　　　　　　　　　　　　　　　　1927–1998)
トカルスキー、G. (George W. Tokarsky)
ド・ラ・ヴァレー・プーサン、C. J. (C.-J. É. G. N.
　　　　　　　　de La Vallée Poussin, 1866–1962)
トリチェリ、E. (Evangelista Torricelli, 1608–1647)
ニュートン、I. (Isaac Newton, 1642–1727)
ネイピア、J. (John Napier, 1550–1617)
ハーケン、W. (Wolfgang Haken)
パーセヴァル、M. A. (Marc-Antoine Parseval
　　　　　　　　　　　　des Chênes, 1755–1836)

バーチ、B. (Bryan J. Birch)
ハーディー、G. (Godfrey H. Hardy, 1877–1947)
パール、J. (Julius Pal, 1881–1946)
ハウスドルフ、F. (Felix Hausdorff, 1868–1942)
バシェー、C.-G. (Claude-Gaspard Bachet, 1581–1638)
パスカル、B. (Blaise Pascal, 1623–1662)
バッハラッハ、I. (Isaak Bacharach, 1854–1942)
パップス (アレクサンドリアの) (Pappus, 4C 前半活躍)
バナッハ、S. (Stefan Banach, 1892–1945)
ハミルトン、W. (William R. Hamilton, 1805–1865)
ピック、G. (Georg A. Pick, 1859–1942)
ヒッパソス (メタポンティオンの) (Hippasus, B.C. 500?)
ビュフォン伯、ルクレール、G. L. (Georges-Louis
　　　　　　Leclerc, Comte de Buffon, 1707–1788)
ヒルベルト、D. (David Hilbert, 1862–1943)
フィボナッチ、L. (Leonardo Fibonacci, 1170?–1250?)
フーリエ、J. (J. B. Joseph Fourier, 1768–1830)
フェイェシュ・トート、L. (László Fejes Tóth 1915–2005)
フェラーリ、L. (Ludovico Ferrari, 1522–1565)
フェルフルスト、P.-F. (Pierre-François Verhulst,
　　　　　　　　　　　　　　　　　　1804–1849)
フェルマー、P. (Pierre de Fermat, 1607–1665)
フェレディ、Z. (Zoltán Füredi)
フォン・コッホ、H. (N. F. Helge von Koch, 1870–1924)
フォンタナ、N. (Niccolò Fontana "Tartaglia",
　　　　　　　　　　　　　　　　1499/1500–1557)
フォン・ノイマン、J. (John von Neumann, 1903–1957)
藤原松三郎 (Matsusaburo Fujiwara, 1881–1946)
ブニャコフスキー、V. (Victor Y. Bunyakovsky,
　　　　　　　　　　　　　　　　　　1804–1889)
フバータル、V. (Václav Chvátal)
ブラーマグプタ (Brahmagupta, 598–665 以降)
ブラウワー、L. (Luitzen E. J. Brouwer, 1881–1966)
フロベニウス、G. (F. Georg Frobenius, 1849–1917)
ペアノ、G. (Giuseppe Peano, 1858–1932)
ベイズ、T. (Thomas Bayes, 1702–1761)
ヘイルズ、T. (Thomas C. Hales)
ベシコヴィッチ、A. (Abram S. Besicovitch, 1891–1970)
ベズー、É. (Étienne Bézout, 1730–1783)
ベルトラン、J. (Joseph L. F. Bertrand, 1822–1900)
ベルナイス、P. (Paul I. Bernays, 1888–1977)
ベルヌーイ、D. (Daniel Bernoulli, 1700–1782)
ペレルマン、G. (Grigori Y. Perelman)
ペンローズ、R. (Roger Penrose)
ポアンカレ、J.-H. (Jules-Henri Poincaré, 1854–1912)
ポアンソ、L. (Louis Poinsot, 1777–1859)
ボネ、P. (Pierre O. Bonnet, 1819–1892)
ボヤイ、F. (Bolyai Farkas, 1775–1856)
ボヤイ、J. (Bolyai János, 1802–1860)
ボルサック、K. (Karol Borsuk, 1905–1982)

ボルツァーノ、B. (Bernard Bolzano, 1781–1848)
ポンスレ、J.-V. (Jean-Victor Poncelet, 1788–1867)
マーダヴァ (サンガマグラーマの) (Mādhava, 1340/1350–1425)
マチャセビッチ、Y. (Yuri Matiyasevich)
マチン、J. (John Machin, 1680?–1751)
マルサス、T. (Thomas R. Malthus, 1766–1834)
マンデルブロ、B. (Benoît B. Mandelbrot, 1924–2010)
ミハイレスク、P. (Preda Mihăilescu)
ミンコフスキー、H. (Hermann Minkowski, 1864–1909)
メルカトル、G. (Gerardus Mercator, 1512–1594)
メルザク、Z. (Zdzisław A. Melzak)
メルセンヌ、M. (Marin Mersenne, 1588–1648)
望月新一 (Shinichi Mochizuki)
モルゲンシュテルン、O. (Oskar Morgenstern, 1902–1977)
モロン、Z. (Zbigniew Moroń, 1904–1971)
モンテイル、T. (Thierry Monteil)
モントロール、E. (Elliott W. Montroll, 1916–1983)
モンモール、P. (Pierre R. de Montmort, 1678–1719)
ヤング、A. (Alfred Young, 1873–1940)
ヤングス、T. (J. W. Theodore Youngs, 1910–1970)
ユークリッド (アレクサンドリアの) (Euclid,
　　　　　　　　　　　　　　　　B.C. 3C 前半活躍)
ライプニッツ、G. (Gottfried W. Leibniz, 1646–1716)
ラグランジュ、J.-L. (Joseph-Louis Lagrange, 1736–1813)
ラッセル、B. (Bertrand A. W. Russell, 1872–1970)
ラプラス、P.-S. (Pierre-Simon Laplace, 1749–1827)
ラマヌジャン、S. (Srinivasa A. Ramanujan, 1887–1920)
ラムゼー、F. (Frank P. Ramsey, 1903–1930)
ラングレー、E. (Edward M. Langley, 1851–1933)
リーマン、B. (G. F. Bernhard Riemann, 1826–1866)
リウヴィル、J. (Joseph Liouville, 1809–1882)
リグビー、J. (John F. Rigby, 1933–2014)
リトルウッド、J. (John E. Littlewood, 1885–1977)
リベスト、R. (Ronald L. Rivest)
リュカ、E. (F. Édouard A. Lucas, 1842–1891)
リンゲル、G. (Gerhard Ringel, 1919–2008)
リンデマン、F. (C. L. Ferdinand von Lindemann,
　　　　　　　　　　　　　　　　　　1852–1939)
ルーロー、F. (Franz Reuleaux, 1829–1905)
ルジャンドル、A.-M. (Adrien-Marie Legendre,
　　　　　　　　　　　　　　　　　　1752–1833)
ルジン、N. (Nikolai N. Luzin 1883–1950)
ルフィニ、P. (Paolo Ruffini, 1765–1822)
ルベーグ、H. (Henri L. Lebesgue, 1875–1941)
ルリエーヴル、S. (Samuel Lelièvre)
レーマー、D. (Derrick H. Lehmer, 1905–1991)
ロバチェフスキー、N. (Nikolai I. Lobachevsky,
　　　　　　　　　　　　　　　　　　1792–1856)
ワイソフ、W. (Willem A. Wythoff, 1865–1939)
ワイルズ、A. (Andrew J. Wiles)

索引

著者プロフィール

廣津 孝(ひろつ・たかし)

1986 年 愛媛県に生まれ，香川県で育つ。

2009 年 広島大学理学部数学科卒業。

2011 年 東北大学大学院理学研究科数学専攻博士課程前期修了。

学習塾経営を経て，

2017 年 東北大学大学院理学研究科数学専攻博士課程後期修了。

博士(理学)。専門は，整数論，数論幾何学。

2021 年 1 月現在，編集プロダクションで数学の教材の執筆・編集・校正に

携わる。 高校と一般の数学の橋渡し教材の開発に積極的に取り組んでいる。

自身のホームページで問題集「有名問題・定理から学ぶ高校数学」を公開中。

装丁・本文デザイン　大下 賢一郎

装丁写真　123RF/ Spyros Arsenis

装丁背景　iStock/ Daniel Heighton

編集・組版　株式会社群企画 編集部・DTP 部

校正協力　石井将大

佐藤弘文

偉大な定理に迫る！理系脳を鍛える数学クイズ

2021 年 2 月 3 日　初版第 1 刷発行

著者　廣津 孝(ひろつ・たかし)

発行人　佐々木幹夫

発行所　株式会社翔泳社(https://www.shoeisha.co.jp)

印刷・製本　株式会社ワコープラネット

ISBN978-4-7981-6458-8　Printed in Japan